旅游景区周边民宿的
室内设计研究

吴明 庄莉 何丽华 著

北京

冶金工业出版社

2023

内 容 提 要

本书从民宿与旅游景区周边民宿概述、旅游景区周边民宿的发展、旅游景区周边民宿的设计内容、民宿建筑与室内空间的类型、民宿的室内设计风格及思维方法、民宿室内空间的整体设计、民宿室内物品及设施设计、民宿室内设计的发展趋势等几个部分的内容展开研究，对我国主要旅游景区周边民宿的室内设计内容进行了论述，力求为读者呈现旅游景区周边民宿在室内设计方面的特色和发展趋势，也为旅行者和投资者提供全新的旅行、投资参考方向。

图书在版编目(CIP)数据

旅游景区周边民宿的室内设计研究/吴明，庄莉，何丽华著．—北京：冶金工业出版社，2020.6（2023.7 重印）
ISBN 978-7-5024-8553-5

Ⅰ.①旅⋯　Ⅱ.①吴⋯　②庄⋯　③何⋯　Ⅲ.①旅馆—室内装饰设计—研究　Ⅳ.①TU247.4

中国版本图书馆 CIP 数据核字（2020）第 119830 号

旅游景区周边民宿的室内设计研究

出版发行	冶金工业出版社	**电　话**	(010)64027926	
地　　址	北京市东城区嵩祝院北巷 39 号	**邮　编**	100009	
网　　址	www.mip1953.com	**电子信箱**	service@ mip1953.com	

责任编辑　姜晓辉　美术编辑　吕欣童　版式设计　吕欣童　孙跃红
责任校对　郑　娟　责任印制　窦　唯
三河市双峰印刷装订有限公司印刷
2020 年 6 月第 1 版，2023 年 7 月第 5 次印刷
710mm×1000mm　1/16；10.5 印张；205 千字；158 页
定价 63.00 元

投稿电话　(010)64027932　投稿信箱　tougao@cnmip.com.cn
营销中心电话　(010)64044283
冶金工业出版社天猫旗舰店　yjgycbs.tmall.com
（本书如有印装质量问题，本社营销中心负责退换）

前　言

随着旅游消费市场的不断繁荣与发展，旅游民宿行业呈现出一片欣欣向荣的景象。作为近年来兴起的非标准化住宿业，民宿行业在旅游经济的推动下逐渐成为住宿业中的"新星"。民宿的数量也呈逐年增长的趋势，自 2015 年起，民宿的数量和分布区域都不断得到扩大，至 2019 年民宿的数量和在线交易规模都达到了新的高峰。在民宿行业规模不断扩大的同时，依托近年来国内外旅游业的发展趋势，我国的民宿尤其是旅游景区周边的民宿正逐渐朝着品牌化、品质化的方向发展。广西桂林、云南大理丽江、浙江莫干山等国内知名的旅游目的地已经逐步形成了具有本土文化特色的民宿集群，一大批具有较高知名度的民宿品牌开始上线，为当地旅游行业的发展提供了强大的推动力，使民宿和旅游景区之间形成了和谐共生、共同发展的局面。而在民宿行业中，旅游景区周边的民宿以其鲜明的设计主题和空间形态成为游客住宿的主要选择之一，独特的建筑类型和室内环境更是民宿品牌形成的重要保障。

近年来，广西壮族自治区民宿产业规模不断扩大，产品日益多元化，成为我国民宿发展蓬勃和有活力的区域之一，为旅游民宿研究提供了丰富的样本。本书受到了以下项目的经费资助，是项目的阶段性成果：广西壮族自治区教育厅旅游管理硕士点建设经费桂财教〔2019〕23 号经费支持项目"国际旅游开发背景下的壮民族文化主题民宿开发设计研究"（项目编号：32500102/LYSD2019014）；广西壮族自治区教育厅旅游管理硕士点建设经费桂财教〔2019〕23 号经费支持项目"国际旅游视野下桂西南地区红色文化旅游资源的开发与利用研究"（项目编号 32500102/LYSD2019022）；广西壮族自治区教育厅旅游管理硕士点建设经费桂财教〔2019〕23 号经费支持项目"康养休闲理念下的特色旅游小镇景观规划设计研究"（项目编号 32500102/LYSD2019015）；广西壮族自治区高校中青年教师基础能力提升项目"桂西南旅游景区民宿的开发设计和优化升级研究"（项目编号：2019KY0766）。

本书在以上研究的基础上，对广西壮族自治区区域内旅游和民宿行业等进行了深入的调研和探究，并对国内不同风格的旅游风景区周边民宿的室内设计进行归纳总结。

本书内容包括：民宿与旅游景区周边民宿概述、旅游景区周边民宿的发展、旅游景区周边民宿的设计内容、民宿建筑与室内空间的类型、民宿的室内设计风格及设计方法、民宿室内空间的整体设计、民宿室内物品及设施设计、民宿室内设计的发展趋势等。从不同的专业视角和领域对旅游景区周边民宿在室内设计方面的内容进行了研究，并提供了一定的研究方法和路径。由于自身在民宿室内设计方面的认知和能力水平的局限性，以及进行资料查阅和参考文献等方面的不足，本书还存在一些问题和缺陷，希望能够得到同行业的专家、学者和广大读者的批评指正。

本书在写作过程中，相关专业的师生参与了前期项目调研、资料收集等工作，并为本书的完成提供专业素材和资料。在此，对相关人员和支持课题立项的广西壮族自治区教育厅、广西民族师范学院表示最由衷的感谢！同时，向本书中出现的参考文献的作者，特别是由于各种原因未能逐一标注的作者表示最诚挚的谢意！

本书由广西民族师范学院吴明、庄莉、何丽华共同撰写，在写作时参考了大量国内外民宿行业信息，展现旅游景区周边民宿在当今的发展状况，并力求呈现我国主要旅游景区周边民宿不同风格的室内设计特色，为游客旅游和民宿业主进行民宿设计时提供参考。

作者

2020 年 2 月

目　录

第一章 民宿与旅游景区周边民宿概述

第一节 认识民宿

近年来,民宿市场在我国逐步兴起,并成为人们外出旅游时重要的住宿选择之一。与此同时,民宿在线预订平台纷纷出现,国内民宿的数量呈现井喷式增长。

一、民宿的基本概念

"民宿是指利用自用住宅中的空闲房间,结合当地人文、自然景观、生态环境资源及农林渔牧生产活动,为出外旅游或远行的旅客提供个性化的住宿场所。"

在旅游景区的周边住宿地点中,除了酒店、度假村、宾馆、招待所等传统住宿场所外,其他的可供游客住宿的地方如家庭住宅、农庄、牧场等都可以归入民宿的范畴。不同于传统的饭庄、农家乐等乡村旅游场所,民宿是由政府进行管理,由居民个人自发选择经营模式的住宿形态。民宿依托旅游景区的地理位置,进行社区型开发,既有助于旅游景区周边的居民通过较为生态的方式提高家庭收入,也能够提升旅游景区配套设施的品味。

(一)文化和旅游部对民宿定义

我国文化和旅游部 2019 年 7 月 3 日发布并实施旅游行业标准《旅游民宿基本要求与评价》(LB/T 065—2019)。该标准指出旅游民宿是指利用当地民居等相关闲置资源,经营用作客房不超过 4 层,且建筑面积不超过 800m²,主人参与接待,为游客提供体验当地自然、文化与生产生活方式的小型住宿设施。根据所处地域的不同,可分为城镇民宿和乡村民宿。

民宿主人是由民宿建筑的业主或外来经营者构成。旅游民宿等级分为三个级别，由低到高分别为三星级、四星级和五星级。星级旅游民宿标志由民居与五角星图案构成，用三颗五角星表示三星级，四颗五角星表示四星级，五颗五角星表示五星级。旅游民宿等级的标牌和证书由等级评定机构统一制作。

从文化与旅游部对民宿的定义，可以看出民宿更加注重对本土生活习惯、社会风情、特定生活方式等内容的体验。民宿的最大特点是民宿主人是通过家庭式的服务模式，让游客在旅游过程中感受生活方式的转化，更好地获得旅游体验的幸福感。

（二）民宿的其他定义

民宿主要由民居主人利用自有住宅的闲置空间，结合本地的自然景观、生态环境、人文景观和农业资源，为游客提供体验乡野生活的住宿场所。让游客有效接触本地生活方式和生活内容，形成与社区居民、周边环境的互动关系。

民宿的服务包含普通的住宿和餐饮等内容，但强调如同在家中的自主性服务，服务人员多为民宿经营者的家庭成员，带给游客浓厚的人情味和回归家庭生活的温馨感觉。民宿在装饰风格上多种多样，游客选择面大大提高，可根据自己的喜好选择喜欢的风格民宿入住。

深圳新旅民宿客栈发展研究中心高级顾问徐灵枝指出："民宿的概念很窄，但是民宿的范围可以很广，风景区、乡村、城市都可以发展民宿，但必须是非标，必须是单体'小而美'。"

由此可见，民宿具有规模小、空间个性、服务贴心等优点，它和农家乐、家庭旅馆、酒店、宾馆等场所不同，它是旅游行业在发展过程中出现的新型旅游产品。

1.民宿与农家乐

农家乐为我国居民提供了一种乡村休闲生活方式，它注重的是营造乡村田园生活的氛围。在农家乐里，人们既可以进行简单的农事活动如播种、采摘、修剪等，也可以在乡村环境中进行垂钓、K歌、体育锻炼、观光游览等休闲活动。

农家乐的主要客源为周围地区的城市居民，他们一般在周末的时间段，以"早出晚归"的行程安排，来到农家乐进行休闲娱乐活动。农家乐以玩乐为主要经营内容，对建筑原有设施进行简单的改建，只提供简单的住宿方式；而民宿是以住宿为主要经营内容，提倡为游客提供高品质的个性化居住环境，对建筑和室内环境进行整体的改造，大幅度提升基础设施的品质，为客人提供舒适的环境。客源群体以外地游客为主。

2.民宿与家庭旅馆

民宿和家庭旅馆在最初的定义方面有着相似之处，都是将自家闲置房屋进行开发提供给客人住宿的经营方式。但是民宿在后续的发展过程中，逐渐摆脱了"家庭旅馆"的范畴。

民宿的主人既有房屋的业主，也有外来投资商和城市居民。他们依托行业发展的优势，将民宿打造成为以住宿功能为主，休闲、餐饮、娱乐等功能为辅的综合型住宿场所。民宿为了加强对市场的变化、游客的需求等等方面的应变能力，开始出现以区域或者品牌为单位的民宿"联盟"，开始在规模化、连锁化的运营道路上发展民宿行业。

3.民宿与酒店、宾馆

民宿在住宿环境、经营理念、设计定位等方面和酒店、宾馆等住宿业有着很大的不同。民宿一般规模不会太大，客房数量有限，但是对每间客房进行独立设计，用不同的设计风格和文化类型体现客房的特色。酒店更注重标准化的客房设计，统一的风格和室内陈设是酒店的标配；民宿推广的是家庭式、体验式的管理模式，给每位入住民宿的游客提供私人订制式的住宿服务，酒店则是根据各自的星级标准进行设施、服务等方面的规范化管理。

在我国台湾地区，民宿最早是旅游旺季酒店客房供应不足时，为游客提供的一种应急性住宿方式。但是随着在特色化、个性化等方面优势逐渐得到展现，民宿已经成为一种和酒店、宾馆等形成竞争的住宿类型。

4.民宿与传统旅游

民宿和传统旅游之间是一种相互依存的关系。我国现有民宿，大多活跃在旅游景区周边的区域。民宿依托旅游景区，结合客源和整体环境方面的优势进行运营。民宿最初是作为旅游景区观光游览方式的一种补充，但是随着民宿在设计和生活理念方面的优势逐渐显现出来以后，形成了一种全新的旅游模式——强调"精神认同"的体验式旅游，和传统旅游的方式形成了合力，推动了整个旅游行业的发展。以浙江德清的莫干山景区为例，生态的自然环境和带有历史情怀的民国建筑群是传统旅游关注的重点，而近年来随着莫干山地区的民宿在品质和知名度等方面的提升，进行民宿体验成为大多数游客选择莫干山进行休闲度假的首要目的。民宿让旅游景区的旅游方式多元化，更是开拓了旅游方式的新思路。民宿也因此成为地方政府和旅游市场大力推动的"旅游概念"。

5.民宿与民居建筑

民宿多是在民居建筑的基础上，进行改建和修缮。设计是进行民宿改造过程中的核心要素。通过设计理念的作用，合理解决室内空间的功能分布，展现传统文化元素在民宿中的影响与表现，追求空间形态和使用功能方面的融合。以设计手法展现民宿在个性化、品质化等方面的特点，让民居建筑在旅游经济发展中焕发新的风貌。

新的国家民宿行业标准将民宿划分为金宿级和银宿级两个等级，对民宿在基础设施、硬件设备等方面进行严格的规范要求。民宿是为专门的客户群体提供针对性住宿服务，它在设计、文化、精神等方面展现出来的特质让它正从传统行业的范畴中脱颖而出，成为新型的旅游方式、休闲方式和住宿方式。

二、民宿的产生及特质

（一）民宿的产生

民宿的产生是住宿业在发展过程中的必然选择。民宿虽然因为地区差异在名称、生活方式、组织方式等方面存在一定的区别，但是它的核心内容都是围绕着"民"和"宿"两个基本概念进行展开。

如欧洲国家多是采用农庄式民宿（accommodation in the farn）经营，让一般消费者能够舒适地享受农庄式田园生活环境，体验农庄生活；加拿大则是采用假日农庄（vacation farm）的模式，提供一般民宿，假日可以享受农庄生活；美国多见居家式民宿（homestay）或青年旅舍（hostel），不刻意布置的居家住宿，价格相对饭店便宜的住宿选择；英国则惯称 Bed and Breakfast(B&B)，按字面解释，意谓提供睡觉的地方以及简单早餐的家庭旅馆，收费大多每人每晚约二三十英镑，视星级而定，当然价格会比一般宾馆便宜许多。

（二）民宿的特质

1.突出个性化

民宿建筑始于民居，它本来是人们家庭居住的居室空间。民宿最初也是为了解决房屋闲置问题而开发出来的住宿方式。

因为民居修建时，受到时代观念、选址位置、所选材料、主人意愿等方面的条件限制，呈现出各具特色的空间形态。这也为民宿改造过程中提出了更高的要求，如何更好地将原有民居建筑的个性特点保留下来，并融入到后期的室内设计中是需要重点考虑的问题。所以，民居建筑的特色营造如选址、房屋朝向、建筑外观等直接影响了民宿的设计，成为个性化空间表现的重要内容。

2.展示文化特性

衣食住行涵盖了人类生活的主要内容。居住是当地生活方式的一种外在表现，深受当地文化的影响。民宿建筑在整体建筑形态、主要生活设施等方面都成为当地文化的物化表现内容，充分展示了当地的文化特性。

3.经营和消费群体平民化

民宿主人经营民宿的初衷多是以方便他人为目的，为客人提供留宿，属于主人帮助他人的私人行为。从现在住宿房间的名称"客房"就可见一斑。

虽然民宿的消费群体分布非常广泛，但是其中绝大多数客人都是中低消费群体。他们选择民宿的重要原因就是民宿区别于高级酒店的亲民价格和家庭式居住氛围。因此，许多民宿的面貌就是在原有建筑基础上进行了适度的修复和翻新，通过布草等软装饰手法来改变客房外观，为普通消费群体提供平民化的服务。

4.显现乡土气息

民宿主要的分布地区多为景区、乡村等，它是直接从当地的居民生活方式中独立出来的。因此，民宿的管理和服务更加贴近家庭和乡村环境。在一些游客的心目中，"民宿在乡野间诞生的，具有浓郁乡土气息的旅游产品。它能够激发人们的乡土情怀，让童年的记忆和思绪得到安放的心灵家园。"

民宿在乡村环境中展现出来的气息，是乡村民宿能够吸引游客住宿的核心要素，也是民宿未来发展过程中需要进行重点打造的生活理念。

5.形式与功能并重

许多民宿建筑本身就是历史的一部分，它反映了特定时期当地居民住宿形态的内容。因此，民宿需要在建造时，将住宅的居住功能和建筑的历史文化这两方面特征进行结合。

民宿是应该吸纳当地更多的生活元素如民风、习俗、美食等，通过设计将它们以多种形式呈现给游客，体现出民宿在当地文化推广方面的社会功能。

第二节　民宿的发展历程

目前，世界各地民宿的发展出现了"百花齐放"的趋势。既有"休闲农庄"的理念，也有 B&B（Bed and Breakfast）的服务方式。各地民宿在政府、行业协会、民宿经营者等多方主体的共同努力，让民宿行业的朝着多元化的方向发展。

一、国外民宿的发展历程

民宿在英国、法国、美国等欧美国家和日本等亚洲国家都有着几十年的历史。这些国家在民宿的组织和监管方面有着丰富的经验，对民宿的执照管理、安全管理和卫生管理等方面都有着相对完善的法律条款和管理制度。通过对这些国家的民宿起源和发展进行资料收集，了解他们在民宿发展中的优势和不足，对我国民宿未来的发展提供可供参考的经验。

（一）英国民宿

美国军人在第二次世界大战结束后，在英国停留了一段时间。为了打发无聊的时光，他们走出军营在英国各地游览。由于在战争中损毁的基础设施尚没有得到修复，住宿的难题一时得不到解决。一些具有生意头脑的家庭主妇就打扫出自家的空房间，用来接待美国军人，并提供简单的餐饮服务；还有些本地居民通过给美国军人当向导来获取额外报酬。这些住宿和游览服务帮助居民提高了家庭收入，并逐渐发展成了一种产业形态。

英国特有的乡村田园风光，通过美国军人的口碑吸引了更多的美国居民前来游览。一时间，剪羊毛、放牧等乡村劳作方式成为游客们青睐的游览体验。游客人数的增加让这种旅行方式在英国的乡村中兴盛了起来，并逐步发展成了后来的B&B住宿形式。

1960年，B&B的消费模式逐渐在英国各地推广开来，进而影响到欧洲其他国家。B&B是英国一种传统的旅馆经营方式。尽管和旅馆饭店相比，B&B提供的服务和设施有限，但是它低廉的价格对于广大的普通老百姓来说还是很有吸引力的。英国夏季的旅游者中，多数人会选择B&B这种住宿方式。英国的B&B不同于嘈杂的青年旅馆与拥挤的旅社，热心的主人通常会带游客去享受采收农产品、喂食牛羊等，探索乡村生活的奥秘与乐趣。

1970年之后，人们对乡村旅游的需求量增加，一些特色汽车露营地、临时搭建的平房也纳入到了乡村旅游中。许多英国人开始出租空余房间给游客，成为在英国国内流行的一种热门游览模式。

英国民宿在后期不断扩展，一些有远见的经营者请求英国政府介入，使得市场逐步规范起来，而拥有产权的屋主，也可以通过预约代理商系统接受游客订房。1983年，英国出现了农场假日协会，协会制定了相关的规章条文，并得到政府观光局及农业部门的支持。

在英国，一些民居因为其悠久的建筑历史、优美的景观和环境等核心条件，成为民宿中收费较高的类型，甚至出现了"一房难求"的情况，有些民宿甚至需要提前几个月预订，才能获得民宿的使用权。像布里特地区的宅院，一部分建筑的历史可以追溯到17世纪。有这样的历史文化背景，导致了越来越多的游客愿意选择花更多的时间和金钱，等待体验当地民宿的机会。

1990年，在英国的一项体闲旅游调查中，发现有8%的英国民众每年到农村旅游至少一次。他们预测观光产业有望在21世纪成为英国最大的消费产业，值得进行推广和扶持。英国民宿协会会长威斯顿曾提供一份数据，称英国大约有2.5万家民宿，年营业额约20亿英镑，已成为支撑英国旅游业的重要组成部分。现在，民宿已经成为旅客住宿的首要选择，据不完全统计大约40%的客人会选择民宿进行住宿。

（二）法国民宿

第二次世界大战后，法国的经济逐渐得到了复苏，城市的繁荣吸引了大量农村人口迁移到城市。乡村出现了大量空置的农舍，经济方面的发展也停滞不前。

天生乐观浪漫的性格，让法国人更加注重个人的生活品质，他们热爱旅游和观光。一些农户利用空闲的农舍去接待城市游客，为无力支付昂贵旅馆房费的城市人群提供住宿服务。也能获得一定的额外收入。

在此基础上，1951 年，法国第一家农村民宿正式营业。法国政府规定每家民宿房间数最多不超过六间，申请设立必须符合消防、建筑及食品卫生等安全规范，同时必须为旅客办理保险。此外，还成立了民宿联盟对民宿的经营、建设予以指导和支持。1955 年，法国民宿联合会成立，印发的第一本民宿指南共收录146 个地址。

法国民宿联合会如今已成为世界最大民宿组织，雇用了 600 名职员，协助 5.6 万家民宿业者辅导与咨询各项管理事项，负责监督、严格检查旅舍质量，并向两百万绿色旅游爱好者推销这些民宿。

因此，法国的民宿多由小农庄进行起步，逐步开始在多种类型的建筑中出现。在政府和行业协会的支持下，逐渐呈现出多元化的发展趋势。法国的民宿在设计的时候，风格的定位是多种多样的。既有传统的复古形态，也有现代的卡通、电影为主题的民宿形态。游客可以在民宿及乡村环境中自由地领略法国的历史文化风貌。

法国民宿在经营方面保持了 B&B 的传统模式，以家庭式经营为主。因为受到政府规定的限制，法国民宿的房间数量有限。在计费方式上，采用日结和周结两种方式。法国政府每隔 5 年的时间，就会对注册的民宿在占地面积、设备配备、清洁卫生情况、环境等方面是否达标进行评鉴，为法国民宿行业的良性发展提供保障。

此外，法国民宿联盟还会就民宿的服务质量、住宿环境、舒适度、基础设施及卫生设施配备情况等项目进行综合分析，并划分等级，并以法国乡村常见的麦穗枝数加以反映，从一枝到最高的五枝，麦穗数目越多，该民宿的综合条件越好。

出于保护法国历史文化古迹和原生态的乡村生活的目的，法国政府鼓励民宿保持古农庄原始、独特的建筑风貌，让乡村生活的传统氛围能够长久地保持，为更多的游客提供服务。法国政府会向民宿相关联盟 (协会) 的会员提供多种形式的资金补助，加入到民宿联盟 (协会) 的民宿经营者可以获得政府补助。此外，法国政府还会提供乡村建筑整修补贴给民宿经营者。只要经营民宿的城市居民达到了 10 年以上的经营年限，就可以领取这笔补贴。

（三）日本民宿

1. 日本民宿的历史

日本的民宿，从 20 世纪 70 年代开始进入兴盛时期。在旅游行业的带动下，日本的民宿在数量上逐年上升。日本民宿经历了从最初单一的家庭式经营，到后来家庭式经营和职业化经营并重的发展阶段，日本民宿在发展过程中不断提升自身的民宿客房特色和整体服务质量。

新生人口的数量减少，再加上日本房地产行业遭受泡沫经济的打击后，一直未恢复元气。直接造成了日本的房屋空置率越来越高。目前，日本住宅总数为6063万户。其中，闲置的住宅高达820万户。仅仅在东京，就有81700户闲置住宅，大阪则有67900户。大量空置的房屋为日本民宿的发展打好了基础，再加上日本土地的所有人也可以搭建房屋，日本的民居建筑一般都具有个性化的设计特征，为民宿的特色营造创造了良好的条件。

同时，随着旅游市场的国际化，越来越多的外国游客选择入住日本的民宿。据相关数据统计，日本城市内洋式民宿的主要客源为外国游客。

2017年6月，日本出台《日本住宿住宅事业法》，于2018年4月正式实施，全面开放民宿，将长期游走于法律灰色地带的民宿正规化、合法化。据相关数据显示，目前日本持有执照的民宿约2万家，而日本所有住宿平台上的房源约合10万套。

2. 日本民宿的经营理念

日本现代用语将新创的名词"农业旅游"(green tourism) 解释为："农业旅游为农林水产省在泡沫经济后推动的农村度假开发方式。"

这是因为大量的日本民众，在泡沫经济中饱受大规模的度假开发模式带来的痛苦后，将旅游度假的方向转移到了传统的乡村生活方面。通过结合自然环境与传统文化，形成了以城市居民家庭不定期居住在乡村的新型旅游方式。

农业旅游和农家民宿能够形成新型的城乡交流方式，它吸引城市民众进入乡村体验亲近自然的生活方式，近距离地从事农业劳作。民宿也为农户在农业旅游过程中获取收入和报酬提供了途径。

民宿在立法上学习欧洲的模式是采用许可制，称为"体验民宿"，表明了日本民宿中农渔体验活动才是农家民宿的主要特色和亮点。再加上日本农家民宿的经营者身份方面没有进行严格的限定，只要有意愿推动农村旅游事业的发展，即便没有农业生产的背景的城市居民也可以经营农家民宿。

日本民宿的另一种经营特色在于采取自助式的服务，"房间预约—取房卡—入住客房—退房"一整套的服务内容都可以实现无人化的自助形式来完成。通过网络进行预约后，由经营者发送密码给客人，客人通过密码锁进入房间（或者到特定地点取钥匙）。入住前经营者会打扫好房间迎接客人，入住时开放室内设施给客人使用，退房后房东再清理检查一次房间。这种经营理念既可以节约人力成本，也能够让民宿消费平民化。让更多的客人可以享受到价格亲民、体验舒适的住宿方式。需要注意的一点，这种服务方式还和游客的个人素质相关联。

日本的民宿有别于旅馆的经营，虽然在设施和服务的全面性不如旅馆。但是民宿经营理念中注重的人性化、乡土气息和家庭氛围是旅馆所不具备的，同时，民宿还可以结合地域文化的特色，提供多样化的休闲服务类型，让游客获得较好的个人体验。

3. 日本民宿的主要类型

作为亚洲地区民宿的发起者，日本在民宿环境中更加注重生活体验、设计主题等内容。根据分布地区和经营者的不同，日本民宿有农家民宿和洋式民宿的区别。前者在室内环境中保持日式传统的装饰风格，保留榻榻米等传统设施，为游客提供具有日式特色的料理，这类民宿一般位于具有温泉、山水景致等自然资源的地区；而后者多位于东京、大阪等较大的城市内，为游客提供短租服务，洋式民宿的经营者多为城市白领阶层，他们利用自身在文化认知和审美观念方面的优势，将民宿布置的更能满足不同类型游客的住宿要求。日本的民宿多位于风景名胜的附近，以民宿自身高质量的服务和完善的配套设施成为优质的景区旅游资源。

4. 日本民宿的监管

日本在很早的时候就出台关于民宿管理的律法，将民宿的住宿标准提升至旅馆级别。日本民宿必须经过政府的行政审批，再通过接受由政府认定并授权的财团进行培训、辅导、审核后，才能获得营业的资格。偏远地区的民宿虽然没有这么严格的流程，但是也需要获得地方政府的经营许可证才能营业。此外，政府还会就民宿在建筑、消防等方面的安全设置进行规范化的要求。不过，近年来随着热门旅游景区在旅游季节住宿资源紧张等问题的出现，日本政府也会根据具体情况放宽相应的行业准入标准。

5. 日本民宿的运营和收费

日本的民宿属于旅馆业的范畴，没有像其他国家一样对房间数量进行严格的限定。民宿经营方面，既有全年正业经营，也有季节性副业或者兼职经营。在收费项目上，洋式民宿以旅馆的标准进行"一宿两餐"的项目收费，而农家民宿根据经营者个人的经营方式进行收费，没有专门规定。

日本酒店的收费方式，和中国按房间单价、入住天数进行收费标准有所不同。它们大多按照房间类型和住宿人数进行收费。同一房间类型，入住人数不同房费也会不同。这种收费方式也影响了日本民宿，虽然不会按照人数变更房费，但是也会根据单间房间住宿人数的增加，相应地增加清洁费和服务费等。从这一点来看，不特别对单个房间的入住人数进行限定在一定程度上有助于降低民宿客人的住宿成本。

（四）其他国家民宿

随着德国在经济方面的巨大的成功，第三产业的发展也被带动了起来。虽然德国的民宿在起步阶段落后于欧洲其他国家，但是发展势头良好。德国的乡村居民在开放自己空余房间的同时，还会通过组织多种多样的乡间活动招揽游客。德国的乡村旅游以其特色性的体验方式吸引越来越多的游客参与其中。

1971 年，德国农业协会曾专门组织人员对全国范围内的家庭式乡村民宿进行调查研究，同时向主要城市的居民发放调查问卷征集反馈意见。德国农业协会依据调查得出的结果，提出了乡村旅游品质管理机制，及度假农场与乡村度假评鉴制度。将乡村旅游过程中，保护自然环境、尊重乡土特色、注重人文景观、融入当地生活等民宿特色和经营理念被总结了出来，并以系统的方式提出了相应的方法。

欧洲乡村旅游和民宿产业的发展势头，直接影响到美国人的消费观念。许多从欧洲大陆游览后返回的美国居民，将欧洲的民宿理念移植到了本国。将各地的人文历史特征转化为了游客关注的旅游热点。

2009 年以后，民宿逐渐成为了特色的旅游产业，也产生了民宿租赁公司等新型企业。凭借个性化的住宿体验，民宿成为了美国人新的旅游方式，和以迪士尼乐园代表的城市主题公园、黄石公园为代表的自然风光一起，成为美国人旅游的重要选择。

二、我国民宿的发展历程

作为我国最早进行民宿开发的地区，台湾地区的民宿发展起步较早，已经走过了 30 多年的历程。据相关资料统计，2011 年台湾地区民宿 3763 家，到 2015 年已有 6356 家。总客房数由 15658 间增长到 26357 间，增长了约 70%。

2017 年，据前瞻产业研究院发布的《中国民宿行业市场前景预测与投资战略规划分析报告》中的数据显示，台湾地区民宿的数量已经超过了 8000 家。从上述资料中可以看到台湾地区的民宿一般都具有单间民宿规模小、地理位置集中等特点，同时民宿可以提供给游客多种旅游体验方式。

（一）民宿的起源

我国大陆民宿的起步时间较晚，多是从我国台湾地区民宿发展中汲取经验后逐步建设起来的。最早的民宿出现在 20 世纪 90 年代，大陆地区旅游行业的通俗叫法是"客栈"。

同时，在经济发达的城市周边，逐渐出现了"农家乐"的乡村休闲场所，由村民自发组织利用自家的房屋和土地资源进行简单的餐饮、娱乐和住宿服务。

从 2012 年开始，随着我国外出旅游需求的上升，个人旅行成为了一种潮流。越来越多的学生、城市白领、自由职业者等游客群体成为旅游消费的主力军，他们对个性化的旅游服务十分青睐。外出旅游时，更喜欢入住如青年旅舍、客栈、民宿等住宿场所。游客需求的增加，也为民宿的发展提供了强劲的动力。

这一时期，大量的民宿出现在我国主要的城市和旅游景区。但是，由于民宿行业在准入和规范制度方面尚不完善，再加上突然增加的大量民宿投资者和经营者，在住宿行业方面的管理经验和运营经验存在不足。民宿的发展出现了许多的问题，例如民宿在旅游淡季时，超低的入住率导致了客房的空置和资源的浪费；民宿建造时由于缺乏设计和规划方面的专业技术人员的介入，导致出现对土地和民居建筑造成一定程度的破坏；民宿从业者缺乏相应的经验，不了解住宿业相关的规范和要求，造成了民宿经营过程中出现了基础设施缺乏、服务意识差等问题；民宿主人的思维模式还停留在传统的"农家乐"方面，没有进行相应的服务升级，导致很多入住民宿的游客混淆了两者之间的概念区别，没有让民宿服务的体验式精髓为客人所认同等。

随着，我国民宿行业的普及程度的提高，民宿行业开始产生巨大的变化，民宿的监管措施越来越规范。民宿主人通过对经营理念的学习，逐步提升服务质量，将民宿打造成为具有现代思维的个性化住宿服务。主题型的民宿如艺术、度假型等，不断出现在旅游市场中，越来越多的游客也将民宿作为住宿的首选。

（二）发展历程

大陆民宿和台湾地区相比，起步较晚。但是发展速度非常快，数量上已经远远超过台湾地区。民宿建筑不仅包括了乡村型的民居建筑，也包括了城市型的个人闲置房屋如单元式住宅、公寓式住宅等。

2003 年，国内开始逐渐出现家庭旅馆、农家乐等个体性质的住宿场所。

2010 年，民宿的概念逐渐出现各地的旅游景区，成为新兴的住宿形态。

2015 年 11 月 23 日，国务院发布《关于加快发展生活性服务业促进消费升级的指导意见》，首次提出"积极发展客栈民宿、短租公寓、长租公寓等细分业态"。

2016 年 3 月出台《关于促进绿色消费的指导意见》，提出持续发展共享经济，鼓励个人将闲置资源有效利用，有序发展民宿出租。

国内大陆民宿在近年获得了良好的发展机遇，民宿数量出现了井喷式的上升。目前，民宿集群最发达的 3 个地区分别为滇西北、浙闽粤、长三角。这 3 个地区分别代表了 3 种不同的旅游资源，大理、丽江和香格里拉为代表的古城民宿展现了高原气候和民族文化的独特魅力；厦门、广州、深圳等大都市的民宿既有都市繁华的城市景观，也展现了文明发展历程中的历史足迹；苏州、杭州、嘉兴等城市民宿把江南水乡的清秀和恬静勾勒的"淋漓尽致"等。此外,以秦皇岛、黄山、宏村西递等知名景区和上饶、湖州等乡村旅游目的地,大量的民宿也不断出现。

据某旅游网站的数据显示,2014 年,我国大陆地区客栈民宿仅有 3 万家,到 2015 年末已经发展为 4.3 万家。截至 2016 年末,我国大陆地区客栈民宿的总数已经达到了 54 万家。短短两年的时间,我国的客栈民宿数量涨幅就已达到近 78%。

近年来,随着手机的普及和共享理念的推广,越来越多的游客使用网络平台进行旅游住宿预订。民宿借助网站、APP 等信息平台获得了良好的发展动力,但也带来了民宿设计和服务方面不均衡的现象。一批基础设施不到位、运营理念不成熟的民宿直接拉低了民宿作为特色住宿的整体水平,严重制约了民宿行业的可持续发展。

为了更好地规范民宿市场有序发展,2017 年 8 月 21 日,国家旅游局发布了民宿的行业标准《旅游民宿基本要求与评价》,首次对民宿进行了定义。2019 年 7 月,国家文化与旅游部又推出《旅游民宿基本要求与评价》(LBT 065—2019),规定了民宿的必备条件,并将民宿划分为三个等级,这标志着我国民宿发展将步入规范、有序的轨道。

（三）民宿行业政策

近几年,民宿的发展受到了各地的鼓励和支持。不少地方都通过组织民宿会议、民宿学院等形式探讨地方民宿未来发展的方向和趋势,在未来的一段时间内民宿发展还会有持续上升的趋势。

目前,我国在民宿行业颁布的主要政策见表 1-1。

表 1-1 我国民宿行业政策汇总

发布时间	发布单位	政策名称	主要内容
2015 年 11 月	国务院办公厅	《国务院办公厅关于加快发展生活性服务业促进消费结构升级的指导意见》	强化服务民生的基本功能,形成以大众化市场为主体,适应多层次多样化消费需求的住宿餐饮业发展新格局。积极发展绿色饭店、主题饭店、客栈民宿、短租公寓、长租公寓、有机餐饮、快餐团餐、特色餐饮、农家乐等满足广大人民群众消费需求的细分业态

续表 1-1

发布时间	发布单位	政策名称	主要内容
2016 年 1 月	国务院	《中共中央国务院关于落实发展新理念加快农业现代化实验全面小康目标的若干意见》	明确提出大力发展休闲农业和乡村旅游。依据各地具体条件，有规划的开发休闲农庄、乡村酒店、特色民宿、自驾露营、户外运动等乡村休闲度假产品
2016 年 10 月	住建部农业发展银行	《住房城乡建设部中国农业发展银行关于推进政策性金融支持小城镇建设的通知》	进一步明确农业发展银行对特色小镇的融资支持方法。住建部负责组织、推动全国小城镇政策性金融支持工作，建立项目库，开展指导和检查。中国农业发展银行将进一步争取国家政策，提供中长期、低成本的信贷资金
2017 年 10 月	社科院	《旅游绿皮书：2016—2017 年中国两年有发展分析与预测》	建议各地探索合理合法、高效一体的民宿行业管理政策，推行行业许可经营制度，建立统一的民宿审批与监管机制，提高民宿经营的规范性和稳定性
2017 年 9 月	国家旅游局	《旅游民宿基本要求与评价》	在市场准入范围，强调民宿经营者必须依法取得当地政府要求的相关证照，并满足公安机关、治安消防等相关要求，民宿单幢建筑客房数量应不超过 14 间
2019 年 7 月	国家文化和旅游部	《旅游民宿基本要求与评价》	代替 2017 年国家旅游局版本。更加体现发展新理念，体现文旅融合；加强对卫生、安全、消防等方面的要求，健全退出机制；将旅游民宿等级由金宿、银宿两个等级修改为三星级、四星级、五星级 3 个等级；并明确了各等级的划分条件

资料来源：中商产业研究院。

第三节　民宿的类型

民宿类型众多，按照不同的分类标准有不同的类型。常见的分类方法有以下几种。

一、按城乡位置区分

民宿按照所处的城乡位置的不同，可以分为城市型民宿和乡村型民宿。两种不同的民宿在周边设施、生活环境和民宿建筑类型方面都有着十分明显的区别。

（一）城市型民宿

城市型民宿多位于城市中心城区范围，让城市居民利用传统民居建筑、单元住宅建筑或者公寓式大楼建筑等，进行游客住宿接待服务的民宿类型。城市型民宿在建筑的选择上多偏重于现代风格的建筑，通过新颖的室内设计理念进行民宿房间的装饰，展示民宿空间的特色性。如使用鲜艳华丽的色彩对比、个性突出的造型形态、具有文化韵味的室内陈设等内容将民宿客房变成各具特色的个性空间。

城市型民宿依托城市便利的交通枢纽地位，让游客能够从各地顺利抵达旅游目的地。它们周边一般都自带发达的城市交通系统，如地铁、公交、的士等，餐馆、酒吧、咖啡室等功能场所分布也较为集中，可以满足游客出行需求和生活需求。再加上城市型民宿整体室内面积较小，因此，主要以满足游客住宿需求进行经营定位。

【案例】

城市民宿——PAPA HOUSE

"城市民宿和乡村民宿不同，它是一对一的深度体验，更像家。"哈佛毕业的新锐建筑师戚山山说道。杭州西湖边，戚山山花了半年时间，把外公的家——一幢残破的老房，改造成一间有趣鲜活的城市历史风情的民宿——PAPA HOUSE。

民宿内摆放拿了线装书、旧 CD、老式手电筒、铃铛闹钟等，这个两室一厅的家，收藏了戚山山家的老杭州碎片。几步之遥是小荷初露的西湖，从清晨到黄昏从庭院这个角度看到的杭州格外生动。

（资料来源：搜狐旅游，分级还是升级？城市民宿面临下一个风口。htts:www.sohu.coma/228357829661148）

（二）乡村型民宿

乡村型民宿一般位于农村，或者城乡结合处的位置。乡村型民宿是主要依托旅游景区周围的村落进行布置，使用传统民居建筑、乡村传统技艺等文化资源进行特色性空间的营建。乡村型民宿需要注重乡土气息的氛围营造，引导游客去体验和回味乡村生活，如使用自家养殖或种植的食材制作农家饭的体验服务。在民宿环境方面，除了外部环境，还需要注重对民宿内部环境进行精心的布置。

例如在乡村型民宿中，一般都会有较大的室外区域用作民宿的庭院。传统乡村民居的庭院更多体现出饲养家禽、存放农具、主人活动、种植蔬菜等综合功能，而进行乡村型民宿的改造时，需要根据民宿的定位和档次对庭院进行重新的设计。偏重农村生活体验的乡村民宿可以将庭院开发成游客参与农事活动的空间，让庭院成为具有乡土气息的活动场所。偏重于慢生活节奏的乡村民宿需要将庭院空间进行重新规划，以现代造园手法对庭院的地面进行铺装处理，引入现代生活休闲设施如绿植、躺椅、吊椅等，把庭院打造成具有慢生活体验的休闲空间。

【案例】

乡村民宿——右见·十八舍

右见·十八舍精品民宿坐落于苏州临湖镇柳舍村，水草丰美的太湖水域，园博园附近。十八舍共有 16 间客房，每间房间内，都提炼出了中国古代对于颜色的命名，极富诗情画意与想象空间。而除了房间内的老物件，印在每间房内的墙壁上的诗词更是右见·十八舍所承载的文化使命。江南苏式水乡生活，让您感受富有诗意的田园栖居！

二、按服务类型区分

民宿在服务定位方面的不同，造成注重不同体验效果的民宿。体验和服务是民宿有别于大型酒店、度假村等高级住宿场所的特色。民宿的服务理念能够成为吸引客源的新型方式，依托周边环境和旅游资源，开发出具有特色主题的民宿类型，为游客提供良好的服务和体验方式。以下几种类型的民宿是市场中较为常见的：

（一）农业体验型

这种民宿类型在乡村中比较常见，它和传统的农家乐有一定的相似性。将农业劳作包装成特色体验活动，让游客在农事活动体验乡村生活的乐趣，让身心得到舒缓。

（二）民俗体验型

以地理人文历史景观为特色，为游客提供休闲度假的民宿。例如，地方祭典、民俗传说、风筝制作等。

（三）度假休闲型

拥有海滨、草原、海岛、森林、雪山、温泉等独特旅游资源或是精心规划的人工造景，满足游客放松休闲需求。

【案例】

莫干山——精品民宿集合地

从 20 世纪 30 年代开始，莫干山便吸引着各地游客纷纷前往。尤其一到夏天，更是成为江浙沪地区的避暑度假首选之地。这里环境好就无须多说了，森林覆盖率极高，随时都可以呼吸到新鲜空气；此外交通也便利，从上海出发自驾不过两三小时，无车一族也无须担心，乘坐高铁也非常方便。除此之外，莫干山还有另一个迷人之处，那就是它拥有的各式各样的精品民宿。在莫干山，住永远是排在第一位；这里有着几十家值得入住的好民宿。既好住，又有人情味，这就是莫干山的魅力。

莫干山能成为江浙第一度假胜地，民宿功不可没。除了裸心（裸心谷＋裸堡）和法国山居两张"王牌"之外，还有许多民宿值得推荐。

例如，梵谷是莫干山新民宿里，很细致、很有风味的那一家！设计师将上海独有的小资元素融入民宿里面，每一个角落都散发着魔都(上海)黄金年代的风情。除了颜值超高之外，梵谷的硬件更是可圈可点：Marshall 的音箱、SMEG 的冰箱，种种细节透露出主人的别具匠心。

例如，白色香墅（VILLA BLANCHE）兼具民宿和咖啡工作室的地方，是莫干山最好喝的咖啡之一！房间色彩统一，几乎以全白色为主色调，清新的法式田园风格。

（资料来源：百家号。2018 年莫干山攻略出炉：30 家民宿、N 种玩法，夏天必备。htts://baijiahao.baidu.com/s?id=−1603705932856752680)

（四）艺术体验型

这类民宿的主人有手工艺或现代艺术方面的个人爱好，并且能够具备较为专业的艺术表现技能。通过在设计民宿的过程中，加入更多的艺术元素如将长廊开发成画廊，前厅开发成体验场所等。让民宿的主人开发出体验型较强的艺术活动，进行各种艺术品的制作如民族地区的织锦技艺需要专门的织机设备，如果主人可以将织锦工艺进行简易化处理，让游客在较短的时间内制作出织锦工艺品，既能够通过满足游客的好奇心理进行民宿的推广，也能够间接通过为民族地区的传统工艺提供施展的舞台。

（五）自助体验型

这种类型的民宿更多的强调住宿空间的"共享"理念，将民宿空间经营成一个社交场所。吸收年轻游客、背包客、旅友等游客的入住，通过在空间设计中强调便利性、快捷性，提供厨房等公共空间满足游客进行自助生活体验。

（六）复古经营型

这种类型的民宿多是依托传统的建筑如民居、会所等，邀请专业的技术人员以传统建筑的特定样式对其进行局部维修，再开发给游客，供其进行怀旧、深思、研究等方面的体验。

【案例】

法式记忆——松赞茨中山居

位于云南香格里拉市茨中藏族小村中，被葡萄园环绕，一百年以前，法国传教士冒险来到这片峡谷，虽然历经岁月的洗礼与风霜，那时遗留下来的教堂依然兴盛。

设计师将一些欧式的设计元素无缝地衔接到了茨中山居里，体现了法国传教士在这个村落留下的烙印，以设计为语言将两种文化相联系。室内陈设以藏文化风格为主，点缀欧式的灯具和摆件。民宿主人还精心挑选百张法国传教士时期的老照片作为酒店装饰。在建筑设计方面，设计师保留了传统的藏族建筑结构，同时嵌入一些现代元素。既考虑了建筑整体的安全属性，又顾及了时尚美观层面。

（资料来源：百家号，全球最美 40 家民宿设计实力解密。https:/ baijiahao. baidu.com/s?id=1567551431396200)

第四节　旅游景区周边民宿营建的影响因素

一、气候特征

旅游景区由于分布区域的不同，呈现出不同的气候特征。这种气候特征上的不同会影响民宿建筑改造的设计与构思。如北方传统民居的建筑要求墙体厚度能够抵御北方严寒天气的冷空气侵袭，室内必须由相应的供暖设备保障冬季的室内人体适宜温度；而南方山区潮湿多雨的气候特征会影响建筑基础的选择，往往将底层进行架空用于圈养牲畜，人主要居住在二层空间。

差异化较大的气候环境会对跨区域旅游的游客产生巨大的吸引力，"去北方看雪""去南方晒太阳"等旅游宣传口号更是获得了游客的认可，成为旅游目的地选择的重要因素。

温暖舒适的海洋气候能够吸引游客在冬季进行"候鸟式的迁徙"，许多家庭在冬季将至的时候都会前往南方的海边进行季节性的旅游，以躲避北方严寒的冬季。游客在临海或者海岛区域，可以享受海滩、阳光和海鲜等旅游资源；我国西南地区的昆明、大理等城市由于地理位置的原因，呈现出"四季如春"的气候特征，不仅具有了怡人的人类生活环境，还为鲜花提供了适宜的生长环境。当地更是结合高原鲜花的特色开发出了"鲜花饼"等具有地域特征的旅游创意产品。

此外，气候特征对民宿选址和营建有着很大的影响，不仅要考虑开发气候特征中的亮点和优势，还要对气候条件中弊端和劣势进行针对性的设计和处理。通过建筑改造、室内设施完善和特色化的家庭服务，让民宿在游客享受气候差异带来的全新旅游体验的同时，能够更好保护游客的身体健康。例如，初入高原进行旅游活动时，很多人会出现高原反应，有经验的民宿主人会准备相应的食物和药品帮助游客尽快适应，为游客的旅游体验"保驾护航"。

二、区域景观

区域景观带来了各个地区独特的自然景观和人文景观，为旅游景区和民宿提供了良好的资源基础。高原湖泊、喀斯特地貌、丹霞地貌、海岛等极具特色自然景观为游客良好的旅游体验场地，既能够通过游览观赏等方式饱览自然界"巧夺天工"的神奇风貌，也能够参与登山、骑马、划船、远足等旅游项目。

区域景观内的民宿营建，需要让民宿能够成为自然环境中的一部分。把区域景观变成民宿风光的视觉背景，通过自然景观提升民宿的品质。让民宿成为人们进行自然观光后休息身心的场所，通过精细布置的室内空间让游客可以尽快恢复身体活力，进行后续的旅游活动。如广西北海地区依托丰富的海洋景观资源，除了能够满足游客观赏的旅游需求外。有些民宿地处传统的渔村位置，当地民宿主人提供渔船租赁供游客进行出海捕鱼、海上住宿等海洋生活体验活动。

人文景观也是美丽的旅游风景线，人文景观不同于自然景观。它往往蕴含着重要的历史文化价值，是需要细细品味的景观内容。如杭州西湖的"断桥"，以"断桥"为背景发生的杭州民间爱情故事《白蛇传》让它成为了游览西湖必去的景点之一。西湖附近的民宿除了提供白天的景观游览外，还能够让游客在夜间慢慢品味人文景观的雅致之处。

三、交通通达性

民宿的交通通达性是游客做出住宿目的地选择时需要考虑的重要因素，包括通常游客如何前往旅游目的地和目标民宿。如果民宿所在旅游景区开发程度较高，周围配套的交通枢纽较为便利的情况下，游客可以自由选择飞机、火车、大巴车甚至游轮等方式前往。条件允许的情况下，游客还可以选择进行私家车自驾游前往民宿。例如，位于浙江省德清县的莫干山景区地处江浙地区腹地，距离周围的上海、南京、杭州等一二线城市均不超过 200 千米，成为了这些城市游客周末休闲的理想选择。

而一些地理位置相对偏僻，交通通达性尚不便利的旅游景区，则会受到季节性旅游选择的影响，分为明显的淡季和旺季。例如，云南省腾冲市由于地处我国西南边陲，距离最近的中心城市尚需数小时的车程，再加上前往路途需要翻山越岭，更多地在黄金周、暑假或者春节等长假期间出现旅游消费高峰。这类民宿虽然受制于地理位置和交通通达性的影响。但是，因其独特的景区魅力，能够提供更好的私密性和"逃离"感，也容易得到游客的青睐。

四、当地传统文化

旅游景区周边的民宿进行设计和建造时，多是依托当地旅游资源和本土文化进行。许多民宿本身就是在本地区的民居建筑的基础上进行改建或者修葺的，建筑本身就是当地传统文化形式的重要组成部分。例如，云南省丽江古城民宿，多是在本地区民居庭院和木屋基础上进行设计的，室内的原有家具及装饰物得到了保留，再增加了一些反映当地传统文化的陈设配件和装饰细节，把纳西族特有的东巴文字和民族图案等内容有机地融合到了民宿设计的室内空间中。又如在贵州省安顺市的旧州客栈，设计师借鉴该地区的传统建筑风格创造了一个反映和表达当地屯堡文化的庭院，同时还设计了一座带有像红灯笼和窗花等标志性元素的建筑。

五、基础配套设施

民宿的选址需要考虑周边是否具有完整的生活配套设施如超市、商店、医院、餐馆等，满足游客在旅游过程中产生的生活需求。如果受制于地理位置的约束，民宿周围缺乏配套设施,民宿的经营者就需要在民宿运营的过程中进行提前准备。如广西壮族自治区三江县的许多小型旅游目的地如一些山区村寨,地理位置相对偏僻,餐馆、药店等生活配套尚不完善。民宿的经营者就会提供公共厨房、医药箱等方式满足游客需求。同时,许多民宿的经营者还会自备汽车等交通工具前往交通站点接送游客。民宿虽然在规模上比不上度假酒店,但是基础的生活设施如供暖、供水、供电、网络及安全设施必须配套齐全,民宿设计中如果没有进行通盘考虑,就会留下许多的隐患,一些古城内出现的火灾隐患往往就是民宿经营者在进行设施配套时没有注重消防方面的考虑而酿成的。因此,基础生活设施和安全保障都是在进行民宿设计之前需要进行考虑的重要内容。

第二章 旅游景区周边民宿的发展

第一节 旅游景区周边民宿发展的背景

旅游景区周边的民宿，具有设计风格和基本定位方面的一致性。而各个不同的民宿由根据自身地理位置、建筑特征、民宿主人理念等方面的不同而不同，形成具有各自特色的民宿设计。我们要从旅游景区周边民宿的发展入手，将民宿和旅游景区之间的关系进行梳理，为民宿的设计做好相应的准备工作。

一、旅游景区周边民宿的定义

关于民宿的最初形态，有多个不同的出处，分别源自日本、英国和法国。日本认为：民宿源自于各地由体育爱好者租赁周围居民的住宅，而逐步发展而来。英国认为，由于英国人口分布的不均衡，中部与西南部地区地广人稀，当地居民提供了一种 B&B 的住宿形式接待外来客人。目前，国际出行较为流行的网站"Airbing"就是以这种模式为参考进行运营，主打提供"床位和早餐"的服务。

而在我国，民宿是当地居民提供闲置的房屋资源给游客进行短期居住，为游客提供与当地自然环境、人文环境近距离接触的住宿服务。

我国台湾地区的民宿行业出现的时间较早。1980 年前后，台湾地区的垦丁公园出现了规模化的民宿群。台湾地区民宿最早只是提供了简单的住宿服务，用于弥补酒店、旅馆等住宿场所的客房供应不足的情况。民宿的最初经营者只是想将空屋利用起来增加家庭收入，没有考虑相应的配套服务。随着越来越多的人关注到民宿行业的商机，投资建设主题型的民宿，民宿就逐步成为住宿行业的重要组成部分。

【案例】

"后面有湾"

后面有湾是一间开设在垦丁的民宿，由主人黄薰谊及志同道合的朋友一起经营。那时她设想在垦丁开民宿，锁定的路段以海景安静、小村落为主，最终找到的这座面海的老房子，位于后湾路34号。后面有湾总面积约496平方米，由3层楼的透天老房子改建，一楼特别打造了一个泳池适合炎炎夏夜泡水聊天喝啤酒。为了强调人跟人之间的亲近，3名共建人特别花了将近半年的时间，在后面有湾的一楼和二楼公共空间打造了干花天花板，使公共空间弥漫着浪漫的气氛。上楼时可发现楼梯间被特地打造的透明玻璃窗能让阳光透进大楼内，采光相当明亮。民宿的大厅、一楼双人房、二楼双人房、室外活动区都约为33平方米，阳台约10平方米；三楼四人房约83平方米。最棒的是民宿面向大海，让人一走出室外就能感受到海阔天空，忘却所有烦恼。为了呼应窗外大自然的美景室内装潢风格走简约风，以木制家具跟白色床具为主，纯净的白与窗外的蓝天白云相得益彰。3名共建人希望打造一个让人完全放松的空间，充满了温暖、极简、浪漫之感（圆神作家群. 好想永远住下去 [M].南昌：江西人民出版社，2015）。

二、我国旅游景区周边住宿业的发展历程

旅游景区的民宿在我国的发展，需要结合住宿的发展历史进行探讨：

第一阶段，1959~1978年，提供住宿业务的以国营饭店、招待所为主。

第二阶段，1979~1988年，我国开始了改革开放的进程，外资开始进入中国，提供住宿的外资酒店带来先进管理经验和服务标准，合资或外资单体酒店成为高端酒店市场的主体。

第三阶段，1989~1998年，市场经济的发展催生了高端酒店的需求，外资、合资和民营酒店开始百花齐放，提供住宿的业态数量迅速增加，酒店评星体系逐渐完善。

第四阶段，1999~2012年，大众出行开始走入人们的工作和生活，经济型连锁酒店开始盛行。商务出行是这一阶段大众出行的主要方式，而标准化的服务理念和设计理念直接让以如家快捷酒店、7天连锁酒店、汉庭连锁酒店等为代表的经济型连锁酒店获得了良好的发展契机，实现了酒店规模的迅速扩张。

第五阶段，从2012年开始，随着我国旅游经济的迅速发展，个人出行方式中旅游出行成为主流方式，人们开始寻求对个性化的住宿场所的需求热度。一大批具有个性化设计的住宿场所如农家乐、客栈、民宿等出现在旅游景区周边，成为人们旅游住宿的主要选择。

研究者考察发现，民宿最早出现在浙江、江苏等沿海发达地区的旅游景区附近。由当地居民从乡村农家乐的模式中转化过来的，实现了从以餐饮娱乐服务为主转化为以住宿服务为主的转化。而众多民宿类型中，旅游景区周边的民宿依托旅游景区的地理位置优势和游客数量优势，成为发展前景最好的民宿类型。

三、旅游民宿与信息技术

旅游民宿能够超越式发展，得益于信息技术、大数据、人工智能的发展与普及。科技发展日新月异，一方面是沟通的无边界，另一方面是运输工具的发达，物流配送体系的不断完善，日益加强了点对点的互动。社会组织已经由过去垂直或水平式形态，转变为分散的形态，由点与点之间联结而构成的网络社会正在形成。

乡村从相对封闭的状态得以打开，使民宿的发展能够超越自身条件的限制，融入现代文明的潮流之中。

乡村传统文化资源的保护正受到各地的重视，将乡村原有的村落、民居、庭院等不可再生的文化资源进行整体保护。通过民宿的开发将乡村文化资源获得新的传承方式，让传统文化资源在现代生活方式的推动下萌发新的生机。如对老旧建筑进行修复，对其主体结构和建筑外立面进行复原，保留传统建筑注重"天人合一"的朴素自然观，再在其建筑内部引入现代的生活设施如水电、网络等营造出适合现代人群生活的新型住宿场所。

四、全域旅游与旅游民宿

随着经济水平的不断提高，人们对生活的追求以单纯的物质需求开始向物质精神并重的方向进行转化。传统的乡村休闲方式和旅游度假模式已经难以完全满足人们的需求，而高品质的生活体验型休闲方式——旅游民宿的的出现，为人们的休闲需求提供了可供选择的旅游模式，从而获得了游客的青睐。这种情况为各个旅游景区周边，民宿的大量出现创造了良好的发展机遇。

与此同时，全域旅游的提出为民宿发展注入了强劲动力。所谓全域旅游，是指一定区域内，以旅游业为优势产业，以旅游业带动、促进经济社会发展的一种新的区域发展理念和模式，是把一个区域整体当作旅游景区、空间全景化的系统旅游。

具体而言，旅游行业成为能够带动区域经济发展的优势产业。让具有优势旅游资源的地区能够在满足传统游览式旅游的基础上，让整个区域能够成为游客关注的内容，完善配套设施建设，形成具有地域特征的集群化旅游发展模式。全域旅游有效带动本地区居民参与旅游行业，通过民宿、配套设施、景观营建等旅游休闲项目的完善提供整个地区的旅游市场竞争力。可以通过在本地区进行基础设施建设时，将它们纳入到全域旅游的视角中进行。例如，发挥地区农业优势，增加农业耕作、农作物采摘、农业展览等农业体验活动满足城市游客亲近自然、返璞归真的休闲心理；再如乡村建设在净化乡村环境的同时，增加乡村交通的通达性，为游客进行自驾游、个人行等旅游方式提供基础交通等；农业作物景观营造可以根据地区作物特色，选择与村庄相结合的地块种植具有观赏价值的植物，建设向日葵庄园、薰衣草乐园、茶园、草莓园等特色景观。让民宿的休闲住宿和全域旅游相结合，形成具有区域特色的民宿设计。

第二节　我国旅游景区周边民宿的发展现状

一、民宿行业的现状

据"去哪儿网"的数据显示，截至 2016 年，全国大陆客栈民宿数量达到 53452 家，相比 2014 年涨幅达到 70% 以上。但是，2016 年民宿规模增速较 2015 年增速明显放缓。一方面因为部分热门区域民宿行业发展过快，竞争已经相当激烈，如在浙江莫干山地区就有民宿数千家；另一方面，2016 年多地政府出台相应法规，为民宿行业设定了门槛，限制了增速，以促使民宿业健康发展。2017 年、2018 年、2019 年三年呈现稳步发展的趋势，民宿行业更加符合国家的规范。

至 2019 年，据不完全统计数据显示，目前民宿从业人员达到近 100 万人。国家信息中心发布的《中国分享经济发展报告 (2017)》显示，2016 年我国分享住宿市场交易规模接近 243 亿元。

二、民宿的主要分布区域

旅游景区周边的民宿是一种伴随丰富而具特色旅游资源的住宿产品，很大程度上分布在我国热门旅游目的地。中国大陆旅游民宿群集中在京津冀地区，江浙地区，闽粤地区，以徽赣文化为特色的地区，云南、贵州、四川等富有民族特色的西南地区，海南亚热带地区，以及东北、西北地区等。

（一）京津冀地区

以北京为中心，包括以山海关、老龙头等知名景区为依托的秦皇岛市在内的京津冀区域，旅游资源颇具特色，尤其是北京作为我国政治文化中心，常住人口有 2000 万人，在周末和节假日对周边地区的民宿需求较为旺盛。

（二）江南地区

以苏州、无锡、杭州、湖州、嘉兴等地为中心。自古就有"上有天堂、下有苏杭"的说法，这一区域蕴含着具有地域文化特色的旅游资源。既有周庄、乌镇、西塘等为代表的江南水乡景致，也有莫干山等为代表的避暑胜地，更有苏州园林、杭州西湖等享誉世界的人文景区。丰富的旅游资源，组成了具有新时期特色的江南民宿胜景。这一地区的民宿发展非常迅速，地方政府也对民宿的建设和运营提供了资金、技术等方面的扶持，让这里宿逐渐成为旅游民宿最集中的区域之一。

（三）浙闽粤沿海地区

以广州、深圳、厦门、三亚等城市为中心。人口集中、经济发达、消费需求旺盛等优势让这一地区的旅游民宿增长速度不断加快。客家文化、岭南文化等具有地域特色的文化为民宿的设计和运营提供了文化资源优势，独特的亚热带海洋气候提供了温度适宜的居住环境，在秋冬季节来临时成为北方游客首选的旅游目的地。

（四）中部地区

我国中部地区的几个地区，形成了具有地域特色的传统文化，例如安徽黄山、江西婺源等地形成的徽派建筑风格，具有极大的影响力。不仅影响了本地区建筑的形态，也影响了周边地区的建筑形态。结合本地区特色的自然景观和人文景观形成了具有代表性的旅游资源。而在这种旅游业迅速发展的背景下，许多民宿依托传统建筑的优势获得了良好的发展机遇，形成徽派建筑民宿群。

（五）西南地区

我国的西南地区保留了大量的古城、古镇等传统建筑资源。再加上旅游开发程度较高，吸引了来自全世界的游客。以大理、丽江为代表的滇西北地区，古城及周边区域大量的民居建筑被逐步开发了出来，和民宿追求地域特征、人文情怀的个性化设计理念相结合。形成具有地域特色民宿群。再加上这些地区的自然和人文景观资源类型多样，具有独特的观赏价值，为民宿的发展提供了"肥沃的土壤"。

西南地区的民宿在最初的发展阶段，主要分布在气候四季如春的高原地带，依靠在光照量和气温方面得天独厚的优势，在一年中的大部分时间段适宜游客进行观光游玩，为民宿的入住率提供了充足的客源保障。这一地区由于生活节奏相对较慢，朴实的本地居民大多性格开朗，民宿在发展的过程中就形成了具有本地生活节奏的民宿经营理念，让游客在阳光、音乐、古城等休闲元素的作用下体验不一样的生活状态。

（六）北方地区

随着美丽乡村与全面建成小康社会建设步伐的加快，我国广大农村地区民宿发展的前景一片光明，西部、北部地区的民宿可以借鉴已有民宿发展中的经验教训，实现更高层次的跨越。东北、西北地区的民宿数量相比南部地区较少，但可根据自身的特点，发挥当地的气候特点，将室外雪地环境营造成具有滑雪、登山、野营等旅游综合服务体，并直接对周边地区的乡村和城镇进行辐射，提供季节性的旅游服务。建设一批具有特色的旅游度假胜地，开发出具有地域风情的民宿设计。例如，黑龙江省牡丹江市海林市的"雪乡"，就是将原有农场木屋建筑开发成民宿进行运营，形成白色的雪、红色的灯笼为特色的地域景观。在雪乡，木屋民宿成为旅游景区的核心资源，带动了当地旅游经济的发展。

随着我国旅游经济的发展，不断为各地旅游民宿的建设与发展提供助推力。新的民宿分布群也不断出现，未来我国旅游民宿群将成为各地进行旅游景区建设和基础设施配套升级时的重要组成部分。

三、旅游民宿价格分布

目前，我国旅游民宿每间客房的单日定价主要有三个消费层次。

（1）100~300元/晚，其比例在60%左右；

（2）300~1500元/晚，其比例占20%~30%；

（3）1500元以上/晚，其比例在10%左右。

在旅游旺季是上述价格，在旅游淡季则都有相当大的折扣。随着旅游民宿经营者对特色、品牌的追求，旅游民宿价格层次将呈现逐步拉大的趋势。2019年，通过网站预定平台上发布的价格可以看到，有些具有品牌特点的民宿旅游旺季单间价格在3000元（人民币）以上/晚。

第三节　旅游景区周边民宿的特色

旅游景区周边民宿和星级酒店、度假村相比，不会设置过于高级的配套设施。但是，民宿在家庭式的管理模式和个性独特的室内空间，让游客感受到独特的旅游体验。而民宿也根据民宿在周边环境、本土文化、生活理念等方面的不同，形成具有不同的民宿特色。常见的民宿特色包含了以下几个方面。

一、乡土气息

乡土气息是旅游民宿的本色，需要保留。心理学知识告诉我们，人们往往都有猎奇的心理，城市居民外出旅行时会向往和怀念"原汁原味"的乡村生活。

民宿在进行设计时，尽可能地保留原有的建筑样貌和布局。再结合周边环境中具有历史感的桥梁、道路、公共区域等，形成具有乡土特色的民宿环境。例如，我国西北地区的窑洞住宅，就是具有本地乡土文化特色的建筑类型。将窑洞进行改造设计出民宿，独特的建筑结构和室内布局会深深吸引城市居住的旅游人群前往入住和体验。这种城乡居住形态的巨大差异，会让旅游景区的民宿在市场竞争中获得更多的关注。

同样，在我国台湾地区更注重民宿经营时的生活体验，由民宿主人通过空间布置、特色美食、当地文化和风俗等内容形成综合性的家庭式服务，能够让游客体会当地极具特色的地域文化。

二、山野情趣

山野情趣是我国古代文人向往的生活，以陶渊明代表的文人墨客留下了许多关于山野田园生活的诗句，"采菊东篱下，悠然见南山"的生活状态吸引了许多游客的关注，让都市生活的人群愿意在工作之余去体验和回味。

这也为旅游民宿创造特色性的居室环境提供了主题，不少拥有山野生活童年记忆的都市人群，对山野情趣具有独特的情怀。山野间的水景、山脉甚至野生的动植物都能够为民宿提供良好的环境基础。

"山野情趣"就是旅游民宿自己的自然之美。民宿经营者应该充分抓住"野"的特点，使游客体会一种田野风光、回归自然的惬意。具体设计的时候，既可以将民宿的位置自家置身于自然环境中，形成邻水、见山的民宿整体环境，也可以将山石、动植物等引入到民宿的庭院中形成具有野趣的民宿内环境。

三、乡俗民风

中华文明拥有五千年以上的发展历程，源远流长。我国各地具有地域特色的农耕文化影响了人们生产生活的方式，形成了各具特色的生活习俗和节庆活动等。这些内容结合在一起，共同构成了浓郁风情的乡村文化，形成吸引都市人群关注的旅游热点。

旅游景区民宿作为拥有自身独特运用方式的住宿场所，提供了本地区的乡村文化体验给外来游客和城市居民，让人们在游玩的过程中对传统文化细细品味，还可以发挥乡村文化的教育作用让人们能够深入接触和了解中国传统文化演化历程，加强爱国主义教育。

乡村传统文化的内容既包括物质类的建筑、庭院、景观、物品、农具等，也包括了非物质类的民俗活动、节庆活动、传统礼仪、传统手工制品的技艺、小吃类特色食物等，这些都是旅游资源的重要组成部分。将这些资源和民宿进行结合进行开发，能够有效提升民宿运营的特色与亮点。

对民宿主人而言，要开发归纳、整理好更多的能体现自身民宿特色的产品和活动。例如，现有经营较好的民宿不仅有民宿主或管家为游客导游导览，而且提供富有浓郁地方特色的手工制作活动，使游客能体验到乡俗民风的活的载体。民宿不仅是一个增加收入的经济平台，更多的是体现出了"家庭"的概念。来往的游客在民宿主人看来不仅是消费者，也是"朋友和家人"。通过和谐的主客关系将传统文化中"有朋自远方来，不亦乐乎"这种热情好客的优良传统体现了出来。

四、岁月痕迹

旅游民宿之所以区别于都市酒店，就在于民宿保持了一种古味，透射出文化脉络的传承。受到我国气候、环境、文化、经济等多种因素的影响，我国西部和南部的山区中还保留了大量的历史人文古迹，形成具有地域特色的文化形态。例如，腾冲和顺古镇、大理剑川古城等。这些地方位置较为偏僻，受到现代文化的冲击较小。

例如，剑川县城中保留大量的人文建筑古迹，但是很多地方缺乏维护，有些基础设施还保留在20世纪的状态。但是，这种年代感存在明显的地方对于游客的吸引力反而更大，民宿主人可以对当地文化的内容进行梳理，形成民宿建筑自身的渊源和故事，让民宿在设计过程中体现出地区文脉的传承。

旅游民宿的古风、古朴、古香和古色，可能更多体现在民宿的建筑外观和庭院设计上。如果民宿家中本身就有古井、石岩、石磨，就应该好好地保存，与建筑设计风格保持一致。此外，民宿内部装修应该考虑和城市一样的现代舒适化生活的要求，应该加以现代化的改造。但是，需要注意的是民宿外观方面保持原有的历史风貌，进行一定程度的修葺。同时，民宿范围内的建筑、庭院等景观内容必须和旅游景区的大环境进行融合，成为景区环境的一部分。

一些明显不符合当地人文环境的建筑外观应该进行有序的整改，避免让游客产生文化违和感。在我国西南地区的少数民族聚居地如凤凰、大理、丽江等需要发挥当地建筑形态的特色性如吊脚楼的建筑构造、白族民居中的"三房一照壁"的住宅布局、丽江纳西族木屋等，形成具有地域特征的民宿设计。

五、现代文明

发展现代文明与保持乡村原有风貌特征不矛盾，一方面现代文明是美丽乡村建设的追求目标之一；另一方面，现代文明与美丽乡村互为发展前提，可以说是一体两面。在民宿经营中强调现代文明有现实意义。将现代文明中的生活方式、生活设施和现代技术融合到民宿的设计与运营当中，实现民宿在生活方式方面的现代化。

（一）现代文明的生活准则

1. 民宿活动的规则

在民宿环境需要遵守相关的法律法规，遵守住宿时民宿主人制定的住宿要求、遵守旅游景区的相关规定，遵守社会上约定俗成的社会准则。

民宿中的乡野、古风只有建立在规则意识基础之上，才能绽放光彩。民宿主既要制定针对游客的规则，又要有民宿自己的经营规则。例如，一些木构建筑要在民宿内部全面禁烟，房子客人因为无意识的吸烟行为造成的安全隐患。这些规则的制定一方面能够保障游客入住时的安全，另一方面也能够有效保护民宿内的环境。

2. 公共生活意识

即在公共生活中对他人权利的尊重。民宿经营者要把这些理念具体体现在与客人的交往场景中，要借鉴酒店管理的服务规范。例如，清扫客房要敲门，通报清理卫生，获得许可后，方能开门进入客房清理；对客人也要分清私人生活和公共生活的边界，例如，提醒客人不要大声喧哗，以免影响他人。

（二）现代生活设施

现代人群随着生活水平的提高，在生活设施的使用方面出现了巨大的变化。即使是地处偏远的农村也开始采用使用便利、清洁环保的现代设施满足日常的生活需求。在旅游景区民宿的内部设施中，冷热管道以及卫生间用具、厨房用具等是必须进行整体配置的生活设施，以满足游客现代生活的需求。

1. 室温调节设备

在旅游民宿设施配备上，供暖、供冷是现代生活的基本要求。目前，多数旅游民宿都配置有空调等室温调节设备，基本上满足了客人的需要。但是，从舒适的角度考虑，旅游民宿主应该将这些基本配置做得更加人性化和舒适化。例如，有的夏热冬冷地区的旅游民宿不是简单地装配有冷暖空调，而是通过地源热泵采暖。采用地热进行供暖可以有效减少直接燃烧造成的有害气体排放，直接保护景区的空气质量和整体环境。随着环保、清洁能源的开发利用，旅游民宿主人可以采用更加多样的冷暖供应设备，营造更加舒适的住宿环境。

2. 卫生间用具

卫生洁具的选择看似是一件小事，但民宿档次的高低与此息息相关。地处乡村的民宿尤其要关注卫生洁具的选配。洗手池、冲水洁具、淋浴间等都需要注意到现代人群的使用习惯进行搭配。

例如，24 小时的热水供应是民宿设计时需要考虑的内容之一。在客房内，洗澡和睡眠是最基础的生活方式。游客长途跋涉之后，连洗个热水澡的基本要求都难以满足，其他方面再好的配置和设计都无法弥补对游客体验中的负面印象。

3. 一体化的厨房用具

我国的厨房设计，从最开始的火塘、灶台等传统厨房逐步转化成现代将给排水系统、排烟系统、烹饪系统等融为一体的整体厨房。增加了人们生活的便利性，也为维护景区环境做出了应有的贡献。

通过将传统烧柴的传统能源转化为现在的沼气、天然气、电力等清洁能源，减少了乡村生活废气的排放量；专业的现代给排水系统，也为我国水资源的保护提供了必要保障，不用自然环境中直接取水排水，减少了对水资源的污染也为人体健康提供了保障。在民宿内，有些主人会保留为游客提供动手制作食物的厨房，让游客亲自参与到食物的制作过程中，更好地体验旅游生活。传统的厨房设施自身燃烧烟雾大、卫生状况差等情况会极度降低游客的体验感受。

（三）现代文明的科学技术

民宿中现代文明的科学技术包括通畅网络、清洁能源和环境保护三个主要方面。

1. 网络配置

在我国，手机已经成为人们必须随身携带的生活物品。它是个人信息、财产保管、交流沟通等个人生活服务功能的综合体。日常生活，有些人每隔几分钟就需要关注下手机是否有新的消息。而手机能够实现上述功能的前提就是网络设施配置必须到位，民宿内的 WiFi 设备必须保证提供充足的网络信号满足人们的需求。即使是在山区等地区，基础的网络配置都是民宿必不可少的现代生活设施。

2. 绿色能源

乡村民宿中，有着烧柴、烧煤、烧炭等常规能源的使用习惯。不仅容易造成材料采集和制作过程中的火灾隐患，还释放出大量的有害气体影响环境的生态平衡。目前，广大乡村也开始加大电力、沼气、煤气、天然气等绿色能源的推广力度，督促居民改变传统的取暖做饭的方式。

而民宿大都处在山野之中，在以往道路不通、信息不畅的时代，许多现代文明的成果难以引入乡村。现在我们国家正在全面建成小康社会，以实现中华民族伟大复兴。对乡村而言，就是缩小差距、补齐短板。民宿可以弯道超车，在建设和配置上更多采用现代科学技术的成果。比如，清洁能源的使用。

3.生态理念

旅游景区周边的民宿作为旅游行业的基础设施，在设计和运营过程中难免会产生污染物。如何在设计之初就将生态理念贯彻到民宿中，既需要地方政府的支持和引导，也需要民宿主人增强对生态观念的认识。如果旅游景区的环境被不断破坏，最终也会损害民宿主人和本地人群的经济利益。

因此，民宿的兴旺发达建立在周边生态环境优美的基础之上。游客入住民宿的主要目的就是能够近距离的欣赏民宿周边环境中清澈的海水、湖水，翱翔其间的飞鸟，绚烂多彩的花草等。民宿主人也需要主动提高环保意识，将生活废弃物分类排放、有序处置，按照统一的规定进行处理，实现达标排放。可以说，留住青山绿水，同样也保存了民宿的生命力。

第三章　旅游景区周边民宿的设计内容

第一节　旅游民宿的景观形象

旅游景区周边民宿依托于旅游景区中的特色旅游资源如自然风光、风土人情、历史文化等，因此在民宿的景观营建方面需要结合景区特色进行设计，它主要包括民宿外立面、入口和庭院等。如何让民宿的景观兼具实用与美观，成为民宿整体设计理念的体现，则需要在设计的过程中满足识别性、通达性、美观性三个方面的要求。

一、识别性

优秀的民宿往往容易给游客留下深刻的第一印象，它可能是民宿建筑的整体风貌，可能是民宿庭院的入口装饰，更有可能是民宿建筑外立面微小的细节和暖心标识等。因此，民宿建筑的外立面景观应该具备一定的外观特色，让游客前往民宿的途中便于识别其位置，并通过外观感受住宿空间的特色。如广西崇左市明仕田园景区附近的艺术酒店在处理景观形象时采用了本地区特色的文化资源——左江花山岩画为原型进行艺术创作，将整体建筑外立面采用块面分隔的形式组合成特定的几何形态，再用花山岩画和其他图案形象进行图形填充，设计出了具有较强视觉冲击力的建筑景观。这部分设计在体量上覆盖了整栋建筑的外立面，搭配周边自然山川地貌的映衬，成为了游客"打卡"的重要地点。设计展示酒店的特色构思和高度的识别性，已成为旅游景区重要的配景之一，见图3-1。

民宿的庭院景观应该注重反映民宿的设计理念和设计美学，同时需要防止与周边民宿的同质化，让游客能够在抵达后获得宾至如归的生活气息；民宿周边和建筑内容还应该设计一些易于识别的小地图和导视符号，让游客可以迅速找到民宿所处位置，尽快识别周边配套设施的位置和民宿内部设施的位置等。

图 3-1　明仕艺术酒店外立面

旅途的疲惫会降低游客对旅游体验的认可度。所以，即使是细小的微末之处都需要加以贴心的设计，体现出民宿温馨、体贴的空间氛围，营造出游客认可度较高的住宿空间。

二、通达性

游客选择旅游景区的民宿住宿，对民宿和景区之间的距离有一定的要求，距离不应太远。最好不超过 15 分钟的步行距离。民宿设计时不仅需要考虑到民宿位置，还应该考虑民宿到景区周边主干道之间的联系与互通，方便游客出行。

民宿的出入口和庭院还充当着民宿内部交通的重要景观节点，需要在设计的时候考虑到这方面的功能特点。如庭院内园路的设计（见图 3-2），主要有直线型和曲线型两种方式，直线满足方便快捷的出行需要，而曲线则能够让闲逛的形式满足其休闲、随意等旅游心理。在设计庭院园路的时候，可以采用直线园路和曲线园路相结合的方式，直线园路连接民宿出入口和室内功能空间，曲线园路连接庭院内休闲设施与室内休闲空间，让游客可以在不同时间段内满足不同的活动内容。

图 3-2　庭院景观的园路

三、美观性

民宿景观的艺术魅力是民宿的重要特色，它也是中高端民宿中独特的设计资源。民宿的景观在白天和夜晚两个不同时间段，表现出不同的艺术表现效果。

在白天，民宿的整体景观形象通过建筑外观、庭院设施、植物、装饰材料等内容进行体现。其中，民宿的出入口是民宿景观的重要内容，它能让游客在未进入民宿之前营造出一种独特的休闲度假氛围，从心理上为游客的度假体验做好铺垫。同时，民宿的出入口设计相当于旅游民宿的招牌，它充当了民宿建筑和旅游景区环境之间的过渡空间，它的设计是否具有吸引力反映了设计师和主人对民宿空间的深度考量和日常维护。

庭院的打理也是景观的重要细节，需要设计师和主人对地面铺装，庭院摆件、院墙等内容进行独具匠心的处理。如将民宿的入口和植物造景进行结合，将民宿景观与自然环境融于一体，体现出民宿设计者独特的设计构思。古代文人墨客对于园林的喜好深深的影响了现代旅游消费群体对景观的态度。温馨、洁净、耐看的民宿庭院会吸引散客群体的关注与入住。

民宿不仅应该考虑白天可见的景观形象，还应该将夜景灯光元素考虑在民宿的整体设计中。夜景既能够将民宿建筑的整体性饱满化如对民宿建筑轮廓进行灯光勾勒（见图 3-3），对庭院中的主要景观植物或设施进行重点照明让这些灯光夜景成为日间民宿形象的补充，体现出民宿设计一贯性的空间特质，又能够让夜间晚归的游客能够迅速找到民宿所在的位置，顺利抵达或者返回民宿，使整个民宿的景观特征能够在白天和夜晚都能够完整地呈现给游客。

图 3-3　浙江乌镇夜景

第二节　旅游民宿的室内空间特性

民宿设计不仅需要为游客提供安全、舒适的住宿环境，还需要根据游客的需求提供多种突发性情况下的额外设施，尽可能为游客提供生活上的便利。这就需要从民宿室内空间的安全性、私密性、便利性、休闲性、观赏性等方面进行考虑，通过对室内空间进行整体设计和重点装饰，构筑具备各种基础室内设施的民宿室内空间。

一、安全性

民宿空间的室内设计中需要重点考虑空间的安全性，需要完善各种基础安全设施如公共区域摄像头、消防设备、安全门锁、疏散设施等内容，保证在突发情况下能够尽可能保障居住人群的安全。同时，有条件的情况下尽可能和所在区域的消防、公安部门进行合作，定期进行各种类型的安全检查工作。

民宿的前台不仅是客人入住驻足的地点，也是重要的安全空间。需要设置物品保护设施如行李房、保险柜等保障客人外出时个人物品的安全保障；民宿的整体电气设备需要进行定期检查消除安全隐患；客房的细微处如床头、浴室柜等位置，可以设置温馨的提示标语提醒客人注重各种安全注意事项等。

民宿的室内如果采用石材和瓷砖等表面较光滑的装饰材料，需要对其进行相应的防滑处理，特别是楼梯、走道、卫生间等容易潮湿的位置可以通过选购表面防滑处理的材料进行铺设。如果民宿客人有行动不便的情况下，业主还需要提供相应的工具保障客人的生活行为安全。

二、私密性

民宿客房是固定时间内游客的私人空间，需要注重保护游客休息时的私密性（见图3-4）。在进行民宿设计时，对墙体的隔音效果、卫生间的空间分隔、门窗的遮光处理等方面需要进行相应的设计处理。

图3-4 客房的私密性

现在民宿空间越来越注重和周围自然环境的融合，正面墙体的落地玻璃窗广泛地运用到民宿客房中，这就需要设计时搭配双层窗帘，既能够保证室内的日间采光，也能够保障休息时不受外部环境的影响。同时，玻璃的选择上也要根据民宿周围的环境而定，如果靠近马路或停车场等地需要适度考虑使用双层隔音玻璃进行隔音处理。

标准间及多人间卫生间设计时，有些为了增加室内空间的视觉通透，会采用玻璃材质进行空间分隔。玻璃材质在透光性具有一定的使用局限性，落地玻璃窗需要配置可活动的浴帘进行遮蔽，保护一个客房内不同客人使用卫生间时的个人隐私。

在客房的隔音设计时，需要考虑墙体的减噪处理。避免相邻客房的人员活动打扰对方休息。在以木结构为主的民宿建筑中，需要就木材的声音穿透等因素加以考虑。

三、便利性

民宿设计时客房配置应该向酒店看齐，需要对公共空间的小型设施或设备进行完整配套如洗漱用品、晾衣架、烟灰缸、吹风机、电视机、24小时热水供应、空调、WiFi设备等，让游客在入住民宿空间享受独特环境之时，也能够保障游客在居住时的生活便利性。

民宿前台还应该提供相应的设备与服务，保障游客需要临时购置生活用品时可以快捷地能够使用。如有些民宿的公共空间结合厨房空间设置简易的茶水间，能够及时为游客提供饮用热水、咖啡、牛奶等饮品，让游客能够便利地使用空间。

手机购物和外卖点单的流行为民宿的设计提供了新的要求，可以考虑在民宿的大堂设立专门的空间，如格子柜等，将游客的快递包裹或者外卖食品临时存储在带编号的方格内，为游客的生活行为提供便利。

四、休闲性

民宿进行设计的时候，可以和周围景区环境进行结合，增加相应的休闲娱乐设施。景区周边的星级酒店进行设计的时候，除了传统的电视和网络以外，还会设计健身房、泳池、咖啡厅等休闲娱乐场所（见图3-5）。而民宿相比较酒店，规模较小，可以视规模大小设置不等的休闲咖啡厅等休闲娱乐场所。而民宿相比较酒店，规模较小，可以视规模大小设置不等的娱乐空间，我国西南地区的很多民宿为满足本地区游客对棋牌类娱乐项目的喜好会设置单独的棋牌室，而一些备受年轻人青睐的民宿会在庭院或者天台等民宿建筑闲置空间设计吧台、秋千、涂鸦墙等青春气息较浓的休闲设施。一些场地较大的民宿会引入具有本土文化特色的表演项目，并设计表演台供游客欣赏与互动。

在主打乡村气息的民宿中，还会准备相应的乡土活动娱乐项目如采摘活动、徒步活动、骑行活动、摄影活动等，而进行这些活动的时候需要准备相应的室内空间进行活动的准备和工具存放。因此，民宿的休闲性空间在民宿的特色性营建中是十分重要的，它需要结合周边的旅游资源进行相应的设置，让游客在满足基本的住宿功能之余更好地享受旅游的乐趣，让民宿空间成为旅游景区的有力补充。

图 3-5 民宿室内的休闲性

五、观赏性

"网红"民宿不断成为各个旅游景区的热点关注对象，甚至出现了在旅游旺季"一房难求"的情况。出现这类民宿的原因在于，一些具有特色的民宿设计亮点被发掘并放大出来。民宿设计中的整体观赏性是必不可少的，在当今对"颜值"推崇的旅游活动中，好的家具及室内装饰物能够有效提升民宿的整体观赏性。

民宿在投资额度有限的情况，如何有效提升空间的观赏性，以突出设计的巧妙构思。许多民宿的主人因地制宜，在民宿的观赏性方面各展神通。有些地区的民宿建筑本身就是具有一定价值的老建筑，在本地区选择一些年代较为久远的老物件搭配室内环境进行装饰提升民宿的文化欣赏价值；有的民宿所处位置适合植物的生长，就采取在庭院和客房空间种植具有观赏价值的植物如花卉、盆栽等提升民宿空间的色彩效果（见图 3-6）；依山傍水的民宿直接将民宿客房采光窗户朝向和庭院观景台面向风景较为秀丽的方向，通过古典园林中的"借景"手法将民宿周边的风光引入室内，再搭配休闲性较强的躺椅、咖啡座等家具营造舒适的观赏环境等；还有一些民宿如浙江乌镇利用整体照明设计，有效地提升民宿空间的夜间生活氛围，让灯光成为民宿观赏性中亮点，还能烘托氛围。

在这些设计手法中，都是有效地结合周边环境和本地资源，在细节的设计中利用相应的设置有效提升民宿空间的整体美感。

图 3-6　室内环境的观赏性

第三节　旅游民宿的建筑形态

民宿最初的来源都是在当地民居建筑的基础上进行改造修葺的。因此旅游景区的民宿建筑，不论是新建建筑，还是传统民宿改造都需要对民宿的整体建筑形态进行合理的设计保证，民宿建筑与当地旅游景区的整体环境能够有机地融合在一起。

一、传承方面

如丽江的"纳西族木屋"、莫干山的"洋家乐"等成为所在城市重要的建筑形象，更是能够吸引游客的景区核心竞争力。因此，在这类景区附近进行民宿设计时候就需要主动去融入整体建筑环境，选择具有本地气息的建筑材料进行修建。如竹料、藤材、木料、石料等（见图 3-7、图 3-8），这些建筑材料的使用可以更好地展现旅游景区的文化元素。

图 3-7　土坯墙体

图 3-8　青砖和红砖的组合

进行民宿建筑改造的时候，原有建筑材料和房屋主体结构以保留为主，选择和自然进行融合时契合度较高的材料进行改建。这类材料具有较高的自然环境亲和度，而且其表面的材料肌理效果能够让建筑在视觉上具备更强烈的沧桑感，是对民居建筑文化的一种保留和尊重。考虑到和周边环境的融合度，可以采用材料回收的方式将一些年久失修的建筑中的传统建筑材料收集起来，用于对民宿建筑的修葺（见图3-9）。这种处理方式不仅是民宿建筑设计理念的反映，也是民居建筑在新的产业背景下实现建筑文化的保护与传承的重要选择。

图 3-9　旧建筑材料的运用

二、创新方面

　　民宿建筑在进行现代化改建的过程中，还需要引入一些现代的建筑材料如涂料、石材、钢材和玻璃材质等，对建筑进行创新方面的尝试，实现民居建筑在旅游产业下的功能转化。

　　现代材料具有施工便捷、成本较低、可塑性性强等材料属性，在进行建筑改造过程，现代材料应该根据其材料属性，对其使用方法进行艺术化的处理，如玻璃材质具有通透性强的特点（见图 3-10），可以在原有民居建筑的旁边，使用钢筋骨架和玻璃材质相搭配，制作阳光房的形态作为民宿空间的公共区域。玻璃材质可以有机地和民宿建筑融合在一起，再搭配一些具有文化韵味的观赏植物如竹子、梅花、荷花等，让传统民居在保留原有风貌的同时，能够和现代建筑之间产生良好的互动。

在使用现代建筑材料的时候，还需注意运用中国建筑中的"藏"的设计理念，将现代建筑材料的外形进行艺术化的处理如表面进行特殊的涂饰处理让其形象向民居的原型靠拢，同时采用遮蔽的手法将一些设施和材料融入整体的民宿建筑中，而尽量避免出现过于突兀的视觉违和感。

在改建中，将本地的材料和施工工艺融合到施工中不仅可以节约维修成本，还能够助力当地经济与就业，让传统的手工艺技法获得施展的空间，如大理民居建筑中，其墙身的图案彩绘是其建筑文化的一种延续，许多新建的民宿在设计的时候选择将这一传统表现形式加以延续。许多当地的彩绘工匠获得了施展其绘制技艺的机会，白族图案中也得到了新的机会进行传承与创新。

图 3-10 民宿建筑的改造

第四章 民宿建筑与室内空间的类型

第一节 民宿建筑的类型

民宿的室内设计和民宿建筑是息息相关的，建筑的类型会直接影响民宿室内设计的定位和风格。以民宿建筑的分类为视角，对建筑与室内空间的功能进行梳理，有助于让民宿主人和设计师能够有序地进行民宿的改造，设计出功能合理、造型美化的室内空间（见图4-1）。

图 4-1 民宿建筑室内设计

民宿是游客在旅游目的地停留时间最多的空间，民宿建筑的选择能够体现出民宿主人的生活理念和美学观念。而如何将原有建筑的功能进行转化，为游客提供具有艺术特征的舒适环境，是民宿设计中需要重点解决的问题。目前，在旅游景区周边，常见的民宿建筑主要有以下几种类型。

一、单元式民宿

单元式住宅是我国现在常见的家庭住宅空间，一般通过电梯设备和楼梯间可以进入到单元住户内。在选择单元式住宅作为民宿建筑的时候，需要对民宿客房的室内设计进行相应的调整。

以单元式住宅进行民宿建筑的设计案例，在杭州西湖、北京故宫等城市景区周边较为常见。通过租赁的形式将一层或者多层的住宅纳入整体的民宿设计中，这类民宿的周围往往具有较为完整的配套服务场所如餐馆、超市、交通站点等，在一定程度上降低了民宿主人的整体运营成本。但是，单元式住宅的户型情况各有不同，在进行设计时需要就具体的游客群体如家庭型游客、团队型游客进行有针对性的设施安排。例如，客房中床体的选择就需要根据客房大小进行设计，如引入子母床、高低床等特定的床体设施。

这类民宿客房内小型住宿设备如牙刷、毛巾等往往不需要进行统一设置，可由游客自行选择是否需要。但是，公共活动空间如厨房、客厅等空间的使用率相对较高，需要配齐相应的生活设施便于游客的生活需求。

选择这类建筑进行民宿室内设计时，需要注重营造温馨舒适的生活氛围，室内物品的选择以简洁使用为主，整体装饰风格的选择可以使用现代简约式的室内装饰风格，便于民宿经营者的运营成本控制。而通过后期在窗帘、布艺品、装饰物、挂饰等方面的软装饰设计方面进行室内环境的提升，同时也便于室内装修的定期维护和翻新。

客户群体选择自驾游的概率较大，在单元式民宿周围有公共停车区域，以满足客户的车辆停放需求。

二、公寓式民宿

公寓式住宅是相对于拥有单独庭院的别墅住宅而言的。它们常位于城市的中心位置，生活相对便利。公寓式建筑常用于家庭旅馆、小型酒店的客房设计中，而城市型民宿也较为青睐公寓式建筑，它的规模更小，一般客房数量不会太多。它一般位于商住型高层建筑中，每户公寓的建筑布局和房间设施都是统一配置的，一般只能容纳2位游客居住，它搭配有简单的厨房、阳台等生活空间，相比于酒店客房，活动空间较多，还可以进行简易的烹饪活动。

公寓式民宿包括单独的公寓式住宅和整体的家庭式住宅等多种形式，许多酒店就是通过整体租赁公寓并装修成客房形态进行使用。客房统一装修有利于酒店的品牌建设和整体管理，而许多民宿则追求客房的差异化和个性化建设。因此，在这类民宿的室内设计中需要注重不同设计风格的运用和不同设计理念的践行，常见的形式包括使用墙绘、特色工艺品等方式将不同的客房装点成不同的装饰形态。

虽然这类民宿的客房数量不多，但是对室内设计的要求更高，主题型设计更加受到游客特别是年轻游客的青睐，不同的客房室内设计体验（见图4-2）也有助于民宿知名度的提高它不仅可以满足短期旅游的客人居住，还可以为出差型客户提供较长时间的居住。

图 4-2　公寓式民宿

三、独栋式民宿

在民宿建筑中，数量最多的就是独栋式建筑。独栋式建筑包括了传统的中式庭院建筑、别墅或者乡村二三层的小洋楼等。独栋式建筑的共同特别就是具有相对独立的庭院空间、完整的一栋或多栋矮层建筑、建筑密度较低等，它在位置上的相对独立性为进行民宿的设计与改造提供了良好的基础条件。

独栋式建筑一般分为如年代久远的民居建筑（见图4-3）、家庭式的独栋建筑、钢架结构建筑等几种类型，独栋式建筑作为民宿建筑时，需要花费较大的费用和时间对建筑的整体外观、庭院景观、房间基础性功能进行大量改造，修建时间较短的独栋式建筑一般会配置较为完整的室内水电、燃气、网络线路、管道等附属设施，但是年代较为久远的民居建筑在修建时受到当时生活条件的制约往往缺乏现代生活设施，从而在改造空间方面难度较大。

图4-3　西南民居

家庭式的独栋建筑进行民宿改造时，需要注重对入口和庭院空间的处理，这类建筑进行民宿改造时往往是成片区域的同类建筑都在进行民宿升级，容易造成建筑和民宿空间的同质化现象，通过对整体外观进行差异化升级，突出每个民宿的独特装饰效果（见图4-4）。

有些民居建筑甚至还具有一定的历史文化价值，进行设计和改造时需要实现办理完整的手续，并使用专业技术手段保护具有历史价值的物品。因此，许多旅游景区的本地居民对这类建筑改造成民宿的做法具有强烈的抵触情绪。人们担心民宿改造过程会将原有具有文化价值的室内材料或者物品变的面目全非，造成经济上获利、文化上破坏的野蛮开发行为。但是，这类建筑改造而成的民宿对于游客而言，具有极大的吸引力。入住的游客群体在消费层面也属于高消费群体，有些客房不仅需要提前预定，价格上也是居高不下。如何在商业开发和民居保护之间形成平衡，是进行民居建筑改造前重点考虑的设计内容。

传统民居进行民宿设计和改造时，尽可能邀请具有相关设计经验的设计师团队进行处理，先对民居建筑进行一定时间的调研和方案讨论，对民居内的材料和物品按其文化价值的高低进行分类，引入外来材料和设备时需要注意和传统的设计风格进行融合，加入新的设计元素在室内空间中需要注重尊重原有建筑的历史，避免产生破坏性改造行为。

图 4-4　新建的民宿建筑

原有房间的大小由于受到传统居住观念的影响，会出现不同房间面积和环境不一的情况，进行室内空间处理的时候，将大的房间尽可能进行功能性空间区分提升房间的装饰档次，使用装饰品注重文化方面的设计构思，注意室内物品的疏密分布程度；较小的房间可以使用室内设计的空间分隔手法，提高空间的使用率，通过在装饰方面的高差处理和灯光设计方面的视错觉手法将视觉范围提高让房间显得更加舒适。

而后期旧房改造建筑或者钢架结构建筑在进行民宿建筑的建造时，因为修建时用途较为清晰，对游客的需求有着更加成熟的处理方案。除了配套的基础设施以外，在设计时还会根据建筑本身和周边景观的距离设计落地大窗房、观景平台等适应游客休闲需求的空间形态，并发出海景房、江景房、山景房等特殊客房类型。这类客房在进行室内设计的时候往往不需要进行专门的室内装饰，而需要配置较为舒适的观景设施如躺椅、浴缸、贵妃椅等满足游客在外游览疲惫之余进行身心舒缓的休闲需求。

四、工业建筑

在靠近景区的一些郊野地带或者城市边缘地带，还保留着一些因年代久远或者功能转移后废弃建筑如工厂厂房等（见图4-5）。这类建筑一般拥有较大的占地面积，较为完整的建筑框架和开阔的室内空间。周边一些保留的工业设施更是能够成为民宿改造后的景观亮点。这类建筑本身就是一定历史时期下的工业遗产，建筑外观和室内空间具备室内空间大、外观整体有序、户外空间多，周边景色优美等方面的优势，有利于特色民宿品牌的建设，但是也存在产权不清晰、设计要求高、整体改造费用高等现实问题。

图4-5　景区附近的工业建筑

厂房的层高一般比民房建筑高1~2倍，这也就给民宿空间的改造带来了多种的变化，可以通过使用空间分隔的手法将厂房的高度分隔成2~3层，使用错落式空间布局的形态进行设计，楼梯设计可以根据厂房建筑的结构选择具有特色的旋转楼梯或者蛇形楼梯进行布置。让厂房呈现出空间的错落感，大堂和公共区域可以直接将高层高的优势发挥出来，通过进行屋顶灯具或者装饰物的设计装点酒店入口的空间形式。

工业建筑在体量较大，同时内部使用的梁柱和管道以直线为主，再加上改造时引入的现代材料也是多以直线风格为主，容易造成生硬冷漠的空间体验，可以使用室内植物和多彩颜色进行细部处理，增加建筑的情感亲和度，让它向更适宜游客心理需求的空间进行转换。如广西桂林阳朔原有一家废弃的糖厂建筑，被改造成"糖舍"主题民宿酒店之后，在保留建筑外观的同时引入了游泳池、茶舍、观景台、体验空间等现代生活的元素。让老旧的工业建筑焕发了新的风貌。

五、特殊建筑

现代世界使用主题概念进行民宿设计的案例越来越多，例如将一些废弃的火车车厢、客运飞机、公交车等交通工具设计成具有特色的民宿项目。这类设施最大的特点是其方便移动，可以将它们放置在自然风景优美的区域如森林、草原、湖泊的旁边，在外观方面只需要进行适度的修补和装饰，设计的重点放在如何就这些废弃交通工具的内部空间进行改造，交通工具的尺寸往往是固定的，相比于传统建筑，它们在居住舒适感方面略差，但是巧妙的创意和奇特的体验让它受到猎奇型的游客青睐。

利用树屋等特殊建筑建造民宿的案例也是屡见不鲜，这类建筑需要依托独特的山林或者森林环境，选择合适的区域进行民宿建造。如莫干山裸心谷中的树屋客房就选择了朝向和视野较佳的位置，设计一片区域专门用于建造树屋建筑。

特殊建筑建造的民宿注重游客独特的居住体验，它可以提供不同的视觉感受和生活经历。但是，这类建筑在民宿改造的时候面临的问题较多如落地位置、设备改装、安全性等。这就需要民宿主人针对性进行解决，完成民宿的改造。

第二节 民宿室内空间的类型

在民宿室内空间中，主要有公共区域和客房空间两种空间类型，它们之间具有截然不同的室内设计要求。因此，在进行室内设计时，需要根据空间类型的不同分别进行设计。

一、公共空间

在民宿中，公共区域包含众多的功能性空间，它是民宿能够为游客提供服务的重要基础。因此，公共空间不仅是在民宿室内中的一个设计术语，更是能够密切结合其他功能空间的过渡性空间。民宿公共空间直接关系着民宿的定位，有些知名度颇高的民宿公共区域的面积可以占到整体室内空间的30%以上。而如何有效地对公共空间的使用功能进行规划和设计直接关系着民宿室内设计的便利性和舒适性。在民宿建筑中，主要的公共空间有以下几种。

（一）前台

随着民宿管理的不断规范，民宿在前台区域必须设置相应的前台服务区域。游客完成入住登记、退房手续、行李寄存等服务内容都需要在前台完成。因此，前台空间虽然面积不大，但是作为游客进入室内空间的第一站，前台的设计直接关系着游客对民宿的人文印象（见图4-6）。

同时，前台作为进入酒店其他区域的必经之路，还在室内空间中充当着交通节点的作用，需要在前台空间帮助游客尽快熟悉整个民宿建筑的平面布局，方便游客尽快能找到相应的功能区域。民宿前台的背景墙和前台桌台的外立面是映入游客眼帘的第一视觉印象，如何进行设计是需要运用合理的设计比例，使用点线面等设计元素、颜色不同的色块和光色照度不同的各种灯光效果进行处理；前台的设计需要注意和民宿建筑的整体风格相匹配，可以选择将民宿建筑和庭院入口的景观印象移植到前台空间，也可以选择进行重新设计在图案和色彩关系上寻求呼应。

有些民宿的前台空间和庭院景观有机地结合起来，直接将前台设计在庭院和入室大门之间将前台变成庭院的一部分，打造与周边环境相契合的民宿前台。

图 4-6　民宿的前台

（二）大堂

民宿的大堂一般相对规模较小，它和前台一般是相伴出现的。大堂呈现出开放式的空间属性，游客可以在这里进行等待、休息聊天，也是游客在民宿内部进行活动的重要过渡空间。民宿大堂往往和楼梯间、一楼客房、公共卫生间等区域直接相连。如何将大堂中的休息空间和交通空间进行合理分配是需要进行综合考虑的。许多民宿是后期将原有房子改建的，没有留够足够的大堂空间，就需要根据室内布局的具体进行处理。

大堂设计是对民宿主人经营理念的缩微反映，将自家住宅改造成民宿的业主一般自己也在民宿内居住。因此，大堂可以反映出主人常见的生活轨迹。例如，在我国西南山区，当地居民有围着火塘烤火的生活习惯，有些业主会将火塘引入民宿大堂区域，用本地产的竹凳代替酒店的沙发作为大堂的坐具，还会提供一些具有本地特色的物品如水烟、零食等供游客体验。这种大堂不仅仅是单一的休息区域，还是游客和游客，游客和业主之间进行交流互动的生活空间，也为游客体验本地区的文化传统提供了附加的生活服务。

一些民宿大堂空间会形成和游客之间良好的互动，通过设置合影照片墙、留言板等具有纪念意义的界面设计让游客将游览期间的活动及心理感受通过图、文等形式保留下来，并因此衬托民宿经营中的"家"的理念，还可以帮助后来的游客从这些界面设计中，对民宿的发展过程有更加全面的认识。

有些民宿受到空间面积的制约，还会将大堂打造成综合型活动空间，将餐厅、吧台或者储物区等功能区域合并过来。大堂作为民宿内的综合服务空间，承担了多重的旅游服务功能。

旅游景区旁边的民宿周边一般都配套有相对独立的商业空间如餐馆、超市、纪念品商店、服装店、酒吧等，大堂的设计需要注意从民宿室内到周边商业区域之间的互通性。

（三）交通空间

民宿内的交通空间主要有楼梯间和走道空间，个别民宿还配备了电梯。交通空间作为较为纯粹的功能空间，虽然单一面积不大，但是是游客活动路线分布的重要区域，关系到游客是否能够顺利抵达目标功能区域。因此，在设计时除了尽量让这些交通空间的导向性具有易识别、易抵达的特性外，还可以根据实际情况设计一些导视标志，对不同的楼层，不同空间位置进行清晰标示，节约游客的体力和时间。

同时，楼梯间和过道这类交通空间有连贯性、通达性等空间特性，容易营造出具有特色的居住氛围。例如，楼梯间栏杆的选择就会直接考量业主的"匠心"，选择哪种风格的栏杆除了可以和周边环境、民宿建筑进行统一之外，也可以使用混搭的风格进行设计杂糅，引入具有不同类型的样式进行综合设计。楼梯和过道在功能考虑上还需要注意防滑、减噪等方面的处理，避免因考虑不成熟的功能设计影响客户的入住体验。

（四）天台或露台

以独栋建筑为基础建造的民宿，天台和公共阳台一般是保留为游客的公共区域，用于交谈聊天、洗衣晾晒等活动。这类空间不同于大堂空间，它的开放性较弱，私密性较强。这个时候对它们位置和设备的设置应该考虑到这些内容。此外，天台和阳台还容易成为民宿室内空间和周围环境的视觉互通位置，在这些区域可以观赏到周边环境的美景，如一些位于山区的民宿，室外空气较城市更为清新，游客在阳台或者天台驻足休息，可以体验到自然环境中寂静、朴素的感觉，因此这类空间不需要设计过多的设备和装饰，应加以简化保留一些必要的设施如座椅、遮阳伞（见图4-7）等即可，如果业主的理念偏向于浪漫思维，还可以放置一些色彩艳丽的观赏植物和简单的装饰物进行点缀。

图 4-7　座椅和遮阳伞

二、客房

民宿的居住空间是游客停留时间最多的区域，也是私密性最强的空间。常见的客房主要包括睡眠区域、卫浴区域、存储区域、视听区域和休闲区域等几个空间类型。几个区域之间需要进行设置相应的活动路线如"E形、F形、I形"等，选择这些行走目的较为简单的动线设计和布置可以降低客房内游客的活动频率，避免影响其他游客的休息。

（一）睡眠区

有助于民宿品牌的建设。游客抵达旅游目的地之后，进入民宿往往第一反应就是先休息，再安排后续的旅游活动。因此，客房的整体设计追求个性化风格的基础上首先需要配备完备的客房设施，特别是床的选择上必须注重舒适性，还可以根据客人的睡眠要求选择不同的床。例如，某些酒店进行设计时，过于注重适应性，选择过于柔软的床和布草，导致有职业疾病的客人睡眠质量极度下降，带来了不好的住宿体验。床的数量也会根据游客的需求进行不同类型的客房设置，如单人床、双人床、子母床、高低架子床等，一些不常见的床如圆床、水床、榻榻米、炕床等也逐渐出现。总之，对床的选择既可以结合本地区的生活习性，在突出本地区文化传统的同时注重游客睡眠的舒适性，也可以根据民宿房间面积选择特色床体让它成为客房的特色和亮点。

床头位置的设计往往是容易被业主忽视的，但是现代人的生活习惯偏爱在休闲之余刷刷手机，床头的倚靠部分根据这一习惯加以考虑，同时需要设置一定的床头照明灯具便于游客在使用手机和阅读时获得足够的亮度。床头位置的背景墙设计不需要做过多的装饰，以简约大方为主。

睡眠区中布草的选择时非常考验业主的审美心理，布草包含了床单、被罩、枕头、布帘等。目前，流行的客房布草有白色和暖色两种主流色彩系列。它们在视觉分别给客人干净整洁、温馨舒适的感受。民族地区的民宿可以设计自己独特的布草组合，将具有地方的蜡染、织锦、刺绣等民族技艺上的图案加以开发，设计成为适用于民宿布草上的花纹与图样（见图4-8），成为民宿客房的特色配置。在当前网络预订流行的情况下，特色的睡眠区域设计更容易获得游客的青睐，从而使民宿网络预订率大大提高。

（二）卫生间

客房卫生间是民宿中最私密的空间。功能集中、面积小、空间封闭、采光通风差等实际情况让卫生间的设计要求更偏重于功能方面的考虑。

首先，在卫生间布局设计方面，如果民宿改造中，原有建筑布局没有预留卫

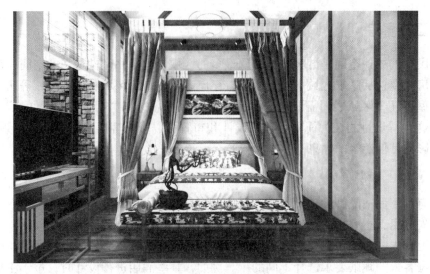

图 4-8　客房布草的运用

生间的位置就需要后期改造时进行相应弥补。卫生间一般设置在远离客房采光面的方向，后期增加的卫生间设计需要采用空间分隔的手法将卫生间从客房中切割出来。许多卫生间受制于客房面积较小的原因，只能满足最基础的使用功能。如何平衡卫生间和客房其他空间的面积分配是必须进行重点考虑的内容，此外进行卫生间干湿分离设计，合理考虑淋浴间和其他空间的空面布局，不能盲目执行干湿分离将淋浴间设计的非常狭小，严重影响游客的使用，

其次，在卫生间的设备用品方面，主要的设施有浴池或者淋浴间、马桶、浴室柜等，电气设备有照明灯、镜前灯、换气扇、浴霸等，附属用品有吹风机、洗浴用品、毛巾架、厕纸桶等，洗漱用品有沐浴露、洗发水、香皂、牙膏牙刷、一次性梳子等。如何将这些设备和用品合理地分布，保障游客安全舒适地使用设备用品是卫生间设计需要重点考虑的内容。

再次，卫生间设计在安全使用方面需要进行专门的考虑，从细节方面保障发挥其使用。卫生间地面如果没有干湿分区，地面积水容易湿滑，需要选择防滑材料或者搭配脚垫、防滑垫等用品防止客人摔倒；卫生间内空间狭小，再加上水蒸气等因素的影响，需要完善排气扇的位置；卫生间内的设备开关尽可能设置在卫生间外面，卫生间内的插座，电器等需要进行防潮处理防止其短路。在卫生间设计的细节上尽可能做到查漏补缺，并定期进行检查和维护。

最后，卫生间的整体形象设计方面，需要与客房内的装饰风格相一致。卫生间的设计更注重整体清洁、使用便捷和安全考虑等功能方面，在色彩搭配，物品选择方面以简洁大方为主，见图 4-9。

图 4-9 卫生间布置

（三）存储区

酒店客房会通过使用衣帽架、衣柜和行李柜等家具在客房设置一定的物品存储区域。游客入住时间较长，个人物品和换洗衣物需要进行短时间的存储。

正常情况下，游客外出旅行时衣服选择以休闲舒适为主，对衣柜等空间的使用需求较小。民宿客房可以根据室内空间的大小进行相应的缩减或者选择便捷酒店中可旋转的衣帽架等加以替代。设计一些新颖的多功能储物空间，例如结合墙体设计、电视柜和床体的闲置空间等进行布置。进行客房存储区设计还可以考虑放置一些安全防护设备如保险箱、紧急状态下的安全工具等。

（四）视听区

在客房的视听区域，电视机和相关的设备构成了空间的主体。电视机一般设置在床的对面，多选择悬挂式的方式进行放置便于调节电视机的高度。电视机的高度必须和床体的高度相匹配，方便游客在床上倚靠时能够以较为舒适的姿势观看电视节目。同时，结合到房间的宽度，如床体离电视机位置过远会影响观看效果时，需要在床和电视机之间设置一个可倚靠的椅子来定位最佳的视听观赏位置。

随着手机、电脑等成为人们在休息时的主要娱乐工具，可以通过网络社交、关注网络热点、追剧等方式进行放松。电视机和电视节目的地位直线下降，甚至很少得到使用。有些青年旅舍甚至直接取消客房内的电视机设施，增添适合玩手机的躺椅等设备来满足青年游客的需求。具体如何设计视听区可根据民宿主人的设计理念和消费群体的生活习惯进行选择。

（五）休闲区域

传统酒店的客房一般休闲区域会设置简单的会客区域，使用两个椅子加一个茶几的常见配置进行布置（见图 4-10）。民宿客房的目的性较强，以满足游客休闲为主要目的。可以将酒店设计中的办公区域进行减少或直接取消，将其空间内容纳入室内休闲区域。家具的选择上可以选择较为舒适的坐卧式家具为主，让游客能够在游玩归来能在家具上短暂舒缓身体的疲惫。

而现在民宿客房流行的全景大窗房，正逐渐成为旅游景区周边民宿进行客房设计时的重要选择。将落地窗面向旅游景区或者风景秀丽的室外环境，通过古典园林的设计手法将户外景色借入到室内客房中，形成室内休闲观景区域。

休闲区域的软装设计需要注重温馨体贴的设计，如窗帘的运用方面，除了基本的室内活动隐私保障外，还需要注意夜间游客休息时会拉上落地窗时的窗帘形态，窗帘的色彩和图案以典雅或者简洁舒心为主，还需要主要整体客房的装饰风格相匹配。拉上窗帘之后，要形成和开阔视野截然不同的室内视觉感受。

图 4-10　客房的休闲区域

三、指定性功能空间

（一）餐饮空间

民宿使用原有建筑物室内设备进行改造的时候，厨房和餐厅的空间往往会保留下来进行改造升级。不同类型的民宿建筑对待餐饮空间的方法也有所不同，单元式和公寓式只是简单供几位游客进行单独服务的，它直接附加在客房中属于独立的私人使用性质的。而独栋式和旧建筑改造后，厨房和餐厅属于游客可以共同使用的公共空间，属于开放式的。

因此，在设计的时候，餐饮空间的设计要求也是不一样的。独立性质的民宿餐饮空间只需要配备常用的炊具、设备和餐桌椅等，以满足游客进行较为简单的烹饪活动和外卖餐食的需要；而公共的餐饮空间需要进行专门的设计与改造，原有建筑餐厅如果面积较小的情况还需要进行室内空间的扩容，满足游客较多时的就餐需求。餐厅设计时需要保持与整体设计风格的连贯性，选择造型新颖，视觉舒畅的室内设施和装饰品进行搭配。

需要特别注意的是餐饮空间中灯具的选用，进行重点照明和整体照明设计时，整体照明以柔和温馨为主，光色倾向偏向暖色调为主（见图4-11）。而重点照明主要是在餐桌上方的灯具设置，有三方面的作用：一是加强餐桌区域的灯光照度，便于客人能够顺利的用餐；二是使用光色对菜肴的视觉效果进行提升，中餐讲究的"色香味"俱全的美学理念，而灯光可以让食物看起来更加的可口，提升客人的就餐体验；三是形成明暗对比的光环境，餐桌区域较其他区域更为明亮，会让客人座位光色显得暗淡一些可以起到保护客人就餐隐私的作用。

墙面装饰物和灯具进行有效地结合，还可以发掘本地区的传统文化元素，让室内装饰方面的视觉效果加入本土文化的深意。

（二）休闲空间

民宿空间作为住宿空间，在基础的住宿功能之外，还会在室内空间设计一些休闲、娱乐、文化交流的功能空间。根据民宿建筑的室内布局，将室内中除了基本功能空间的地方合理地利用起来开发出吧台、休闲座、健身房、活动室等，让游客在游览之余能够在民宿内得到休息和娱乐。

游客的年龄、消费层次和社交观念等方面的不同，会产生截然不同的休闲娱乐喜好，爱好安静的游客乐于独居或者小范围的社交活动，喜好交友的游客愿意在较为热闹的地方活动。吧台、休闲座、小网吧等相对静态的休闲空间（见图4-12），在设计时可以与大堂相连，并在设计风格中保持一致的设计风格，游客可以通过

图 4-11　民宿内的餐厅

阅读、上网、交谈等方式充实旅游中的闲暇时光，同时增加民宿的人气。健身房、活动室、手工吧等相对动态的休闲空间，可以独立设置空间，根据游客的需求设计，满足具有这方面爱好的游客的休闲需求。

图 4- 12　民宿吧台

　　一些旅游景区周边民宿相对集中，几家独栋式民宿形成了小型的生活社区。休闲空间的设计可以考虑在社区内进行分散布置，每家民宿设置类型不同的休闲空间。让游客在民宿社区内可以自由选择自己喜好的休闲空间。配套较为成熟的民宿社区，还会将本地区特色的文化休闲项目如景观展演、手工艺人表演等，独立成专门的休闲空间。

此外，拥有较大闲置空间的工业建筑民宿，可以根据实际需求加以利用。通过采用空间围合、空间分隔和空间升降等设计手法开发出视线通透、相对独立的休闲空间。让游客在较大的场地中获得独立的休闲空间。

（三）其他空间

民宿中除了主要的功能空间，还会根据具体情况保留储物间、公共卫生间、洗衣房等功能空间。这类功能空间在使用率方面相对较低，可以根据民宿建筑的室内布局将一些不常用或较为偏僻的空间如楼梯间、附属用房利用起来进行特色性的改造，提高民宿空间的利用率。但是，也需要注意这些功能空间的位置。例如，公共卫生间尽量设计在民宿院落内或者一楼方便游客使用；洗衣房应该靠近阳台等便于晾晒衣物的位置；储物间和前台空间相连便于登记物品和客人存取行李。

在这类空间中，安保室的设计是必不可少的，常选择在一楼的民宿主人居住的房间进行兼顾，它负担着安全管理、安全监控、突发情况应急、设备维修等多方面的民宿管理功能。一些民宿主人还会在安保室提供医药箱等为客人提供贴心的服务。

服务空间在民宿中属于具有专门功能的活动空间，它们的设计需要在空间的外观形式和使用功能之间取得平衡，能够更好地为游客提供贴心细致的服务。

第五章 民宿的室内设计风格及设计方法

第一节 民宿室内设计的主要风格

一、民宿室内设计风格概述

风格原本指的是某一个地区和某一个时代的风格形式，而这种风格产生的地理位置、民族特征、生活方式、文化潮流、风俗习惯、宗教信仰有密切关系，亦可称之为民族的文脉。具体到民宿室内设计风格方面，则是指的不同的装修风格，这些不同的民宿装修风格主要是由室内各个空间造型及家具造型的不同而形成。

通常室内常见的装修风格主要有：西方风格和东方风格。西方风格按照历史发展的时间线索大致可分为：古埃及、古希腊、古罗马时期的室内装饰风格、拜占庭风格、哥特式风格、巴洛克风格、洛可可风格、文艺复兴风格、新古典主义风格、新艺术运动风格、现代风格、后现代主义风格等。西方风格按照地域地区的不同则可分为：北欧风格、地中海风格、西班牙风格、巴西风格现代风格、印度风格等。按照不同的特色和设计方法又可分为：解构主义风格、国际风格、高技派风格、波普风格、田园风格、混搭风格等。

放眼当今中国民宿业，应用西方风格的民宿室内空间比比皆是，数不胜数，这是给人一种不用出国亦可享受到纯正欧陆风情居住体验的空间。这些具有西方风格特色的民宿空间，极大地满足了特殊游客群体追求高端舒适豪华大气的心理需求，也不断地满足着人们日益增长的物质文明和精神文明需求与期望。

东方风格主要是指以中国为中心的具有东方情调和意境体现的风格。东方风格按照地域可划分为：中式风格、日式风格、东南亚风格、朝鲜风格等。其中，中式风格大致可分为：传统中式风格和新中式风格两种。传统中式风格按照中国古代建筑发展成熟的脉络"秦汉—隋唐—明清"这条主线亦可分为：秦汉风格、隋唐风格、宋元风格、明清风格等。这些传统的古代风格结合现代设计手法做得效果好的设计佳作，我们统称之为"新中式"室内风格。现实生活中，我们常见到的都是明清风格为主的"新中式"室内风格空间。这是因为现存的明清古建筑留存的最多，设计师可供参考的也主要是明清时期留存下来的古建筑的室内陈设案例。所以在此基础上研究和创新的明清风格的"新中式"室内设计空间也就最多。而其他朝代风格的"新中式"空间则常常因为可供参考的实物古建筑空间较少，记录的参考文献资料也不多，设计师难以把握创造出具有秦风格或汉风格或宋风格的"新中式"室内风格空间。

当今民宿业较为流行的几大室内风格主要有：西方古典风格、新中式风格、田园风格、现代风格、后现代风格等。

二、主要的室内设计风格

（一）欧式古典室内装饰风格

西方古典风格又叫西方传统室内装饰风格。其中，最具代表性的有以下几种：古埃及、古希腊、古罗马时期的室内装饰风格、哥特式室内装饰风格、文艺复兴时期的室内装饰风格、巴洛克风格、洛可可风格、新古典主义风格等。

1.古埃及、古希腊、古罗马时期的室内装饰风格

古埃及的室内装饰风格简约、雄浑，以石材为主，柱式是其风格之标志，柱头如绽开的纸草花，柱身挺拔巍峨，中间有线式凹槽、象形文字、浮雕等，下面有柱础盘，古老而凝重。常见的表现手法中，花岗石是使用频率比较高的装饰材料。光滑质地的用于铺地，毛糙的用于背景墙。此外，特定时期下室内装饰图案具有很强的地域文化特征。如古埃及时期室内装饰图案喜欢以侧面的人体形象作为图案的内容，搭配各种各样的植物花纹、藤蔓等进行布置。其简约概况的流畅线条和素雅古朴的配色往往和建筑空间浑然天成。

古希腊的文明光辉影响了它在建筑和室内风格中的表现，古希腊时期的设计风格是一种理性和人文艺术相结合的形态。从古希腊建筑的三大柱式——多立克柱式、爱奥尼柱式、科林斯柱式为代表，进行室内空间的装饰和布置。古希腊室室内装饰空间简洁庄重，空间更加注重比例协调和秩序理性之美，更加符合建筑模数之比。

古罗马帝国强盛繁华的背景，造就了它在建筑和室内设计上以华丽、壮观的特色。古罗马特有的拱券结构，混凝土材质，并在基础上创造了古罗马券柱式的设计样式。它在两柱之间加入一个券洞，这种以券与柱两种不同的结构件组合在一起的装饰性柱式。券柱式成为古罗马室内装饰最鲜明的特征。这种半

圆弧形券券相连的空间让空间多了力学结构之美，并极大地丰富了空间形态和空间线条。

古埃及古希腊古罗马时期的室内装饰风格都表现出了地中海地区特有的雄浑和大气。需要使用大体量的空间形态和高额的前期预算才能体现出风格特点。

2. 哥特式室内装饰风格

哥特式室内装饰风格是在古罗马装饰风格的基础上演化过来的。直升的线形，体量急速升腾的动势，奇突的空间推移是其基本的空间特点。由于新技术的发明和应用，源自东方的尖券的使用是哥特式室内装饰风格的显著特点，所以哥特式室内空间往往应用了大量的带有三角形造型的尖顶尖券的构件。其空间内往往可见尖券被大量地应用于玻璃窗、门窗的开口及室内家具和各种装饰物细部，为直线形式的出现提供了更多的可能性，同时也为加高室内空间和统一空间效果起到一定的作用。

哥特式的室内装饰喜欢采用三叶式、四叶式、卷叶形花饰、兽类以及鸟类等自然形态作为基础。哥特式风格的室内空间窗饰喜用彩色玻璃镶嵌，色彩以蓝、深红、紫色为主，达到12色综合应用，斑斓富丽精巧迷幻。绚丽的玫瑰窗是哥特式风格中最重要的装饰内容，可以考虑在室内采风窗户或者吊顶时使用，营造梦幻生动的装饰氛围。

3. 文艺复兴时期的室内装饰风格

文艺复兴时期，一大批享誉世界的艺术家用自己的才华让艺术逐渐体现出时代的要求。它将古希腊、古罗马时期的建筑和艺术进行复制和再生。学习《建筑十书》等古典著作中对美的秩序感、节奏感的把控。并逐渐开拓了具有这一时期特色的新型风格，由米开朗基罗、伯鲁乃列斯基、达·芬奇等文艺复兴时期建筑艺术领域的杰出人物，创造了一系列充满人文关怀的优秀的文艺复兴建筑和室内空间。这些室内空间特点是：具有古典的空间比例尺度、简洁厚实的空间造型、开敞明亮的室内空间，以及典雅的色彩搭配和良好的秩序之美。空间中充满着浓浓的人情味并极具古典之美。但是，它也有一定的不足之处就是过于追求一些模数、程式、原则。

4. 巴洛克风格

作为欧洲贵族群体住宅中常见的设计风格，巴洛克追求的是华丽、高雅的室内装饰表现形式。具有强烈的文化韵味。巴洛克风格的室内空间多采用椭圆形、曲线与曲面等充满动感的线条和图形，让空间充满动感和厚重感。其装饰手法主要是将建筑空间、拱券结构构件与绘画、雕刻等艺术表现手法巧妙结合，创造出热烈的豪华的室内装饰空间。例如，巴洛克室内空间往往在天棚绘制天顶画，通过大幅具有透视感和浓烈色彩的壁画与浅浮雕、圆雕相结合的手法,创造亦幻亦真的幻觉画、拱顶镶板画、透视天棚画(见图5-1)等。

墙面装饰多以展示精美的壁毯或油画为主，以及镶有大镜面和大理石，线脚重叠的贵重木材镶边板装饰墙面等。可见，充满动感的线条、浓重华丽的色彩，厚重丰硕的空间造型和大量豪华的建筑装饰材料营造出了巴洛克风格室内豪华、动感、浪漫、夸张的气氛。同时，由于巴洛克风格在建筑材料选择、施工、配饰方面上的投入比较高，更适合在较大别墅、宅院中运用，而并不适合较小户型使用。

图 5-1　欧式古典室内装饰风格

5. 洛可可风格

和巴洛克风格不同，洛可可风格更加注重轻盈、细腻、雅致等特征的体现。在它的室内空间中装饰的细节注重表现出纤细、不对称的元素运用。并常用大镜面作装饰，大量运用花环、花束、弓箭及贝壳图案纹样。频繁地使用形态方向多变的如"C""S"或涡券形曲线、弧线，线脚及墙面壁画等均采用自然主义题材，缠绕的草叶和贝壳、棕榈随处可见。在色彩的选用方面，喜欢采用较为鲜艳的颜色如粉红色、嫩绿色等颜色，表现出田园风格的自然特征。线脚和装饰细节多采用金色作为对整体色调的协调。洛可可风格还注重装饰效果的表达，体现出其繁复、景致和高雅的特色。

洛可可风格在材料的运用方面比较讲究，除了大量的镜面材料和剖光石材以外，还会选择水晶吊灯、瓷器、贵重金属制品等作为装饰材料，营造出一种具有光线反射效果的室内环境。洛可可风格在具体的室内装修时，注重结构和工艺方面的细腻性，营造出华丽、精美的室内环境。

6.新古典主义风格

注重古典美在室内设计中体现是新古典主义装饰风格的重要表现。它也注重现代空间中功能作用。成为当今社会备受人们的喜爱的一种设计风格。新古典主义风格从构图和布局出发，将古典美学观念中的逻辑性、规律性等内容释放出来，再用古典柱式的形态和几何图案的造型表现设计的主题。在功能空间布局方面，为了让人们在空间使用时更加舒适，新古典主义还力求舒适的室内布局，让空间的利用更加合理。整个室内空间体现出庄重、华丽、单纯的格调，非常符合一些小资情调的消费者的品味，有一定的消费市场。

（二）中式室内设计风格

中式室内设计风格分为两个主要的部分，既有传统中式风格，也有新中式风格。在东方古典美学中，注重建筑和空间的对称性。而许多室内设计采用中式风格也会注意布局的对称。色彩的运用方面使用简单、高雅的色彩组合。传统中式室内设计风格也存在一定的不足，如室内采光效果较差、空间狭小、配色老气等特点。现代设计手法和传统中式室内风格结合的新中式室内空间，传统中透着现代，现代中揉着古典。中国传统室内装饰风格受中国建筑的影响，在空间布局方面更加注重内外空间的关联性。皇家建筑空间常采用中轴对称的空间布局方法，追求大气、均衡、稳定的意境；私家园林建筑则常常采用不对称的空间布置方法，非常灵活多变。中式风格的室内常常借助门、窗、廊子等建筑构件以及隔扇、罩、帷幕、博古架、屏风、屏板等，分隔和围合出丰富的室内空间。通过传统园林设计手法中"巧于因借"的空间组织手法，实现室内外环境的融合贯通。由于中国传统文化的影响，新中式风格更加注重室内装饰和陈设等各要素的艺术品位的精神追求和意境体现，将中国传统室内陈设品如古玩、屏风、字画、匾幅、盆景、瓷器、挂屏、等装饰在空间内，功能上更加注重现代人的使用习惯和审美需求，大大提高了新中式室内空间的舒适度和美观性，还不失意境体现，充分体现出中国传统美学精神和现代设计的完美结合。见图5-2。

（三）田园风格

民宿应用田园风格应该是大多数民宿主人都会采用的选择，因为这种充满着自然美和自然情趣的民宿极大的满足了民宿市场的主要消费群体——文艺青年们或市场白领金领们，给长时间被现代钢筋混凝土所束缚的灵魂一个寄托身心的场所。田园风格可以带给人们清新、舒适、浪漫、温馨的室内环境。让人

图 5-2　剑川传统民居改建的客房

们可以从空间中舒缓身心，调整状态。常用的手法就是在界面设计和室内陈设中，采用木材、石材、竹材、藤材等自然材料进行装饰。田园风格中设计师个人的审美眼光和设计习惯是十分重要的，利用设计师的专业素养体现材料的天然纹理或色彩搭配或造型的美感。此外，这些民宿空间设计还常通过模拟某一地域的自然特征或是将自然之物的形或神引入室内来增加整个室内空间的自然趣味。田园风格的室内空间设计是当今民宿市场最为流行的设计风格之一。这种风格并不是一成不变的，它会随着地域位置的变化，参考各个地方对自然、对生活的理解和认识表现出形式方面的巨大差异。例如，东方和西方对自然的审美存在着差异，就产生了美式田园风格、英式田园风格和中国田园风格（见图 5-3）。其中，中国的西藏、云南和江南由于存在一定的地域元素差异，各地地方的田园自然风格也就各不相同。积极营造各地不同的"乡土风格"、"地方风格"和"自然风格"的民宿，做出每个地区不同的民宿特色和品牌，带给顾客更多不同的居住体验，可以有效地带动旅游经济，从而更好地设计这些各具特色的田园风格民宿。

图 5-3　中式田园风格

（四）现代风格

现代设计风格的室内要求造型简洁（见图 5-4），能够与工业化批量生产相适应。现代主义主要设计应该结合时代发展的需求，提供以人为本的设计理念服务大众。现代主义的空间注重功能与造型的整合，结构与审美的统一，技术与艺术的结合。在现代主义室内设计中，我们常常能看到简洁的线条，合理的室内空间组织和布局，注重材料和工艺特征在室内空间中的表现。实际上，高品质的现代设计室内空间的装饰也是非常注重空间布局的流动自开放、材质用料的优良、技术工艺的精良、造型的简洁和无彩色系为主有彩色为辅的合理搭配等，才能营造出良好的现代室内空间。而一般理性枯燥乏味现代风格民宿空间和城市里普遍的居家空间并没有区别，并且不能给消费者带来新鲜感，不能很好地满足民宿入住者的需求。所以单纯做现代风格的民宿做得有特色的还是非常少，但现代设计如果和民族元素或地域元素巧妙结合，则可能会有出乎意料的惊喜和收获。

（五）后现代主义风格

后现代主义本身是一种在现代主义风靡时期产生的反思型设计风格，它表现出与现代主义冰冷枯燥的理性主义完全相反的形式。因此，很多人把后现代主义

图 5-4　现代风格设计的民宿空间

看成是对现代主义的全盘否定和批判，更是在一定范围内的超越。

　　在后现代主义风格的影响下，出现了很多截然不同的设计表现和设计产品。在设计历史中，波普风格、结构主义风格、高科技风格、雅致主义风格等都和后现代主义息息相关，甚至被列入后现代主义的风格范畴内。它采用折中的、戏谑的、嘲讽的手法，运用古典的设计元素和符号体现出对传统设计风格的延续性。但并不受制于古典的思维方式、逻辑秩序及设计规则。后现代主义通过矛盾的方式让建筑和室内空间展现出含混、复杂的效果，以此激发人们的空间想象力。后现代主义风格中常见的空间装饰手法主要有：扭曲、变形、断裂、错位和夸大等。许多民宿大胆利用后现代主义嘲讽和戏谑的表现手法，采用夸张、变形的设计形态，合理地运用古典设计风格中的比例、尺度、符号等设计概念，同时较好地注意细节装饰，增加空间的舒适和奢华等，这个不一样的装饰手法营造出不一样的空间氛围，给消费者带来不一样的居住体验，也不失为一个较好的民宿风格设计选择之一。

　　（六）混搭风格

　　混合型风格的室内设计是在确保使用功能合理舒适的前提下，采用多种手法对古今中外的多种风格进行混搭糅合，以形成新的丰富的格调（见图 5-5）。

这种折衷主义的设计手法，注重室内陈设物品的丰富和多样，重视空间的趣味性和复杂性，常常利用空间装饰的造型比例尺度和细节推敲出空间的协调之美。实际上，当今室内设计的大部分的空间都是会有混搭的情况出现，因为如今各种文化类型之间的融合是非常巧妙和多元化了，人们也乐意接收那些以某个风格为主其他风格为辅的混搭空间。当然，混搭风格搭配得好可以大大丰富空间，但是如果没有注意好室内各种陈设物的搭配，则会出现大杂烩的局面，给人杂乱突兀抵挡之感。

图 5-5 混搭风格

综前所述，民宿的室内设计风格重视外在形式的表达，但其不仅限于形式方面，也让风格中的元素体现出地域、艺术、文化等方面的内在涵养。但其风格一旦形成，它又能积极或消极地影响当地的文化、艺术以及诸多的社会因素。所以，民宿的室内风格不仅仅局限于作为一种形式表现和视觉上的感受。从市场层面来看，利用不用风格营造不同的居住体验空间，能够吸引更多消费者带来更多的商业利益。由此可见，重视民宿风格的定位和应用，对于民宿经营成败的大方向有着至关重要的引导作用。从文化层面看，利用现代设计手法和传统文化、地域元素、经营特色等结合起来，不断推陈出新创造更多符合当地人审美和需求的民宿空间，一定时间范围内就会形成具有本民族特色和旺盛生命力的民宿室内风格。这不仅仅是每一个具有历史责任感的设计师的使命，也是每一个当代消费者应当具备的与时俱进的文化价值观。

第二节　民宿室内设计的方法

一、民宿室内设计的方法与流程

在民宿室内设计中，最重要的是展示民宿自身的个性与亮点。民宿行业随着旅游产业的发展正不断发展壮大，大量的民居建筑随着旅游景区的开发正迅速转化为民宿建筑。数量剧增的同时，民宿的经营也呈现了两极分化的情况。设计品质较高、市场定位清晰的民宿正逐渐形成民宿行业的高端品牌，出现供不应求的局面。而一些缺乏设计品位的民宿则逐渐被边缘化，只能依靠拉低价格来维持经营。因此，在民宿的室内设计中，好的创意不仅能够带来设计品质方面的提升，也能够增强民宿在住宿方面的核心竞争力。设计创意是讲究汇总多方面的信息与知识点，经过设计团队系统化的整理和构思，将民宿室内空间中的特色与个性化因素发掘出来，从而设计出独特的室内设计作品。而在民宿室内设计中，需要完成相应的设计工作：

（一）信息收集

进行室内设计时，需要考虑多方面的综合因素。特别是民宿设计的时候，既要考虑到业主的喜好与思路，还要兼顾游客群体的心理需求。具体进行设计工作时，还要注重建筑、景观与室内之间的关系，让旅游景区的地域文化因素和民宿之间形成空间方面的交流与互动。因此，进行民宿的室内设计之前，需要花费大量的时间对旅游景区的市场需求、周边民宿产品的数量及消费定位、周边的环境状况、业主需求等内容进行市场调查和资料收集，为设计的构思做好准备。

（二）设计任务书

将收集到的资料和相关信息进行整理之后，就可以从整体的角度开始系统化的设计构思。从周边环境状况、设计风格、建筑外观、室内布局、设备配置、空间尺度、色彩搭配、家具与陈设等多方面进行综合考量，进行民宿室内设计的初步构思。再结合实地考察对设计中出现的问题，逐一进行解决。最后，由设计师和业主一起完成民宿室内设计任务书。按照类别对室内设计中的内容和细节进行磋商，让业主意愿和设计师构思达成一致。

（三）方案创作

由设计师团队组织相关人员进行设计方案的创作，主创设计师进行整体方案的构思与把控，水电工程师对室内水电线路的改造进行设计，陈设设计师对民宿室内的陈设空间和陈设品搭配进行构思等。在设计方案的创作过程中，将设计任务书中的注意事项和阶段性任务逐一进行完成。设计方案的创作中最核心的内容是设计理念的确立与设计元素的表达，集合设计师团队的集体智慧和艺术表达力，让设计方案在满足民宿功能的基础上逐步进行完善，并绘制设计方案的效果图。

（四）修改完善

设计方案完成后，需要组织设计师和业主进行方案讨论。结合设计任务书中规定的设计内容。对设计元素的运用、装饰材料的选用、家具陈设的布置等具体的实际内容进行图形解释。并根据业主的满意度和市场变化进行适度的修改完善，对设计方案中的内容进行查漏补缺，完成设计方案。并在方案的基础上进行施工图纸的绘制和施工预算。

二、民宿室内设计构思的要素

民宿设计进行创意时，需要进行推陈出新。开拓新的设计思路，发掘新的设计题材和设计元素，找到适合民宿设计的艺术表现方式。在设计的过程中，能够影响设计构思的因素主要有景区环境、设计风格、地域文化、业主要求、流行元素等方面的因素。设计团队需要在综合考虑这些因素的基础上完成设计构思。

（一）景区环境

民宿的主要客源来自前往附近景区游玩的客人。因此，在进行室内设计的时候，旅游景区的环境是需要着重考虑的内容。在前期的市场调研中，对旅游景区及周边环境进行有建设性的调研，发掘景区环境中亮点成为室内构思中的创意点是进行室内设计常见的手法。将旅游景区中的核心景观如自然风光、历史人文元素等内容进行创作完成设计的构思。见图 5-6。

图 5-6　自然环境和民宿的结合

　　旅游景区的周边民宿建筑，都属于根植于本地土壤的文化资产，有些甚至被规划为文物保护单位。它们本身就是景区环境的重要组成部分。因此，进行民宿建筑的设计和改造时，需要慎重处理好传统建筑形态和现代居住环境之间的融合，避免造成对环境和建筑的破坏，如庭院内的植物景观、房屋屋檐处的传统装饰构件等都是需要进行精心处理的设计内容，以保护和维护为主让它们在旅游行业的帮助下焕发新貌。

　　选择缩微景观或者借景的形式将旅游景区中的建筑或风景引入到客房中，让游客在客房内回味实地旅游带来的心理感受。例如，丽江玉龙雪山景区附近的民宿就选择将大多数房间的朝向面向着玉龙雪山，让室内观景玉龙雪山成为民宿客房的设计特色；又如红色旅游目的地的民宿设计，可以将革命先辈们使用的生产生活工具和具有时代意义的物品以展览的形式在民宿室内空间中陈列出来，让游客在民宿中接受红色文化的熏陶，在旅游中进行爱国主义教育。

　　大部分景区环境中还包括了空气、土壤、植物等具有乡土生活气息的自然元素。民宿的设计还受到景区环境中这种乡土气息的影响。民宿的设计应该挖掘如民居、生产生活工具、节日习俗等能够体现本地区地域特色的乡土文化元素。在进行民宿室内空间的改造过程中，可以考虑在室内界面设计中引入具有乡土气息的图案和纹样，进行加工后转化为符合现代审美需求的设计内容；陈设和软装过程中，可以将具有地域特色工艺品和生活摆件以设计构成的形式进行重新组合，以陈列和展示的方式融入到室内空间中。在壮族的三月三、傣族的泼水节等区域民族特色节日时，由景区和社区进行山歌对唱、泼水祝福等相应的节日活动体验，丰富游客的旅游经历，增加游客的生活体验，也能够为地域民宿品牌的形成打好基础。

游客群体多是来自于城市，城市生活中快节奏的方式，冷漠的人际关系等容易让人产生疲倦的心理感受。旅游景区及所在地域多具有地理位置偏僻、自然环境优美等特点，有些还残留着农耕时代的痕迹。它们保留着相对缓慢的生活节奏和邻里互助的社区关系，这对于游客而言是除了游览之外的另一种旅游意义——品味生活。通过在旅游景区慢生活节奏的调节，能够舒缓长期处于城市高压生活状态下的疲惫身心。民宿内部空间应该将游客的这种情感需求融入到室内空间的设计当中，使用柔和平缓的色彩组合，舒适温馨的装饰风格营造具有慢生活气氛的室内空间。减少直线、中性色彩等城市现代设计元素的运用，增加曲线、装饰品、创意品的使用。民宿内的设施增加可以让游客闲聊、品茗、漫步、发呆、远眺等慢节奏生活方式方面的考虑，让游客能够在旅游期间能摆脱城市生活状态，体验宁静悠远的慢节奏生活方式。

（二）设计风格

随着生活水平和审美意识的不断提高，人们对自己的居住空间、工作空间和各类活动空间的使用功能和审美功能提出了更高、更新的要求，也越来越重视室内空间中的精神因素和文化内涵。

旅游群体一般都是具有良好教育背景，知识面较为全面的城市人群。丰富的生活工作阅历让他们形成了具有自己特色的审美观与价值观，他们有着自身的精神需求和文化需求。而设计风格的选择直接关系到民宿室内设计构思的形成。

设计风格不仅是一种设计的外在表现形式，也附加着设计的精神属性。它通过艺术语言传递出室内空间的品质，并展示了民宿空间的艺术特色。同时，设计风格的形成涉及所诞生的时代背景，地域文化的影响，生活习俗的约定俗成、新型设计材料的运用等多方面的原因。常见的室内设计风格可以概括为中式古典风格、欧式古典风格、现代简约风格、自然风格以及混搭风格等。设计风格是国家和民族重要的文化瑰宝，如在新艺术时期，西班牙设计师高迪就是以独特的曲线元素和马赛克材料（见图5-7）创作了一批具有超高艺术价值的设计作品，他设计的3个建筑获得联合国教科文组织的认可，入选世界文化遗产目录，成为西班牙和巴塞罗那的精神象征，更是后辈设计师毕生追求的奋斗目标。

图 5-7　马赛克材料的运用

因此，在进行民宿的室内设计时风格的选择是十分重要的，它不仅关系到室内环境的艺术表现力，也是让设计师、民宿主人和游客之间进行文化交流的语言。

同一种设计风格，设计理念也会随着思维角度的不同表现出不同的艺术风貌。在新中式风格中既有"高级灰"的设计表现，也有"水墨山水"的艺术渲染力，更有"中国红"的喜庆吉祥氛围营造。

设计风格在民宿设计中的影响，还包括了实现多种设计风格在民宿空间内的共生共存。民国时期，上海等地在中西方建筑文化的交流中，出现了包含不同设计风格相融合的"海派"样式。而现代也出现了融合西方现代设计优势的新中式设计风格。文化和设计风格之间的交流给民宿设计中风格的定位提供了新的思路。由于民居式民宿在旅游景区周边中占了较大的比例，传统的民居建筑中将中国传统造物理念有力地表现出来了，但是现代生活方式的转变让传统民居在审美性、便利性等方面的劣势表现了出来。例如，传统房间内不会设置卫生间，这就造成游客生活方面的不方便，而卫生间中的马桶、泡池、洗手池都是现代设计的产物，即使进行外观方面的复古设计，也不可能完全消除其现代设计风格的痕迹。因此，处理室内空间中不同设计风格融合时，可以采取混搭杂糅的处理手法（见图 5-8），采用一种中性的设计元素起到风格的协调作用。让民宿室内空间在不同设计风格的作用下营造出温馨舒适的居住环境。

图 5-8 中式民居的布置

（三）地域文化的影响

我国的国土面积辽阔，地域气候及文化的差异较大，由此产生了不同的地域文化类型。

地域文化的不同也造成了旅游经济的繁华，人们总是离开自己熟悉的城市和地区前往文化和生活习惯截然不同的旅游目的地进行生活体验，让身心在生活差异较大的地方得到放松。商品经济的发达经常让都市人群在工作中产生迷茫的心理，通过旅游去返璞归真地感受不同生活节奏和地域文化氛围，有助于帮助人们更好地树立未来的人生目标。

将地域文化因素融入到民宿的室内空间设计中，需要对地域文化的具体内容和外在表现形式进行调研。民宿改造过程中一直强调的本地居民的参与，就在于能够依托他们在地域文化认知方面的优势，合理有序地发掘出地域文化的精髓融入到设计的创意中。如西南各民族在休闲时表现出唱歌跳舞的娱乐方式。这些民族音乐是本地居民代代相传的艺术形式，缺少记载和资料整理。而外地的设计师面对这些艺术形式时一时难以找到合适的手法进行展示，本土居民的加入会让这些艺术形式更容易得到开发与运用，大型民宿内设置的景观展演空间，可以让本地居民将传统的艺术形式编排成更具表现力的休闲节目。

常见的地域文化开发就是将地域特有的图案（见图 5-9）和文字转化为民宿的设计元素，运用现代设计表达手法如造型、色彩、构成等对图案和文字进行图形化的处理。形成具有现代审美特征的民族文化符号，使用现代的装饰材料如硅藻泥、墙纸、吊顶等将它们结合到室内界面装饰的领域内，开发出获得本土居民和外来游客认知的空间环境。

图 5-9　传统图案和界面设计的结合

　　各个地域的生活习俗也各不相同，如北方寒冷地区的民宿还会保存着"炕"这种具有明显地域特征的生活设施，南方山区在冬季有着围坐烤火的习惯等。随着现代生活中电热取暖设备的普及，传统的设施正逐渐从人们的生活中消失。但在进行民宿改造时，这些习俗和相应的室内设施作为地域生活的一部分，会在设计中得以保留并包装成更符合现代人群生活习惯的特色设施。

　　在地域文化中，传统的手工艺品在旅游经济的刺激下获得了新的发展机会，并以此为基础开发出具有地域文化意味的文化创意产品，如广西地区的壮族织锦技艺作为国家的非物质文化遗产，它以高超的技艺、精美的图案而得名。但民间保留下来的壮锦艺人和壮锦生产单位却面临着严重的生存危机。在广西地区的旅游文创产品开发中，人量以壮锦为主题的作品以各种形式出现在建筑、景观、家具、公共设施等生活空间，让传统的地域文化在新的领域获得了新的发展和传承。

（四）民宿主人的诉求

民宿是为了满足游客住宿而产生，但是许多外地投资人经营民宿的初衷并非为了挣钱。有些是厌倦了大城市的快生活节奏，而向将重心转向生活去选择经营民宿，如大理双廊的民宿主人许多就是来自于大城市的白领阶层，放弃了高薪和都市生活进行创业；有的是出于保护传统民居建筑的初衷而投资维护与修葺民居改造成民宿，如桂林阳朔的一些乡村民宿主人就是传统建筑的爱好者看见民居的衰落有感而发，愿意出资进行改造的；也有的业主是对乡村的衰落进行反思后，意图用民宿设计来改变乡村的风貌。如莫干山的一些民宿主人就是在修复乡村样貌的情怀驱动下从事民宿行业的。

从事民宿的业主遍布了社会的各个行业，也造成了业主不同的喜好和诉求。有些业主自身就是手工艺人或艺术家，他们有着自己独特的审美观；有些是世代居住的本地人，对本地区的文化具有很深的感情；有些业主喜好收藏，会将个人喜好带入到民宿室内设计中；有些民宿主人热爱自然，喜欢在室内设计中添置各类室内植物等（见图5-10）。因此，如何恰当地处理民宿主人的个人诉求，并将其转化为室内设计的表现形式是设计构思中必须解决的现实问题。

以本地居民的情况为例，旅游景区所处大部分地区属于经济欠发达地区，本地就业的居民人均收入不高，观念相对保守。而民宿设计中建筑改造、室内装修、设备购置等方面的高额成本，构成了阻碍本地居民从事民宿行业的"门槛"。

投资和管理方面，可以选择和外地投资人进行合作的方式，借助其在资金和管理方法的优势去房屋进行改造，营造出符合游客审美需求的民宿。后期民宿运营时，充当经营管理者的角色进行民宿的管理和维护，所得收益按照贡献比例进行分成。既能发挥本地居民熟悉景区环境的优势，也能解决投资人在受制于时间和精力方面的困扰。

在设计方面，可以考虑采用"轻装修，重装饰"的理念。引入设计机构和设计院校的"设计扶贫"项目，发挥他们在设计和施工方面的优势。以设计团队为主导进行民宿改造，在结构和管线改造的基础改造完成后，使用陈设与软装的设计手法"装扮"室内环境，发挥本地居民熟悉景区环境、房屋状况和地域文化等方面的优势，使用具有本地特色的材料和物品进行室内装饰，营造出具有地域特色的时尚空间。

图 5-10　民宿主人的喜好在室内空间中的体现

（五）流行元素

设计是一种追求潮流、引导时尚的智力劳动，在进行设计构思的时候经常需要将社会上流行元素如生态理念、自然观念、网红元素、共享理念等结合到方案当中。让这些流行元素成为民宿室内设计中的创意点，引起民宿主人和游客群体的思维共鸣。

以绿色为例，注重对废旧材料和自然材料的应用，将他们合理地运用到室内空间中在界面装饰、空间分隔等方面，不仅可以彰显地域文化，还能够实现资源的可持续开发，减少设计过程中造成的运输、拆建等环节造成的装修污染。重视植物在室内空间的作用，减少室内装饰中的硬装比重，能够起到美化室内环境，清洁室内空气的作用。

高科技元素的运用也是在民宿室内空间中的创新手段，采用新媒体艺术的表现手法结合民宿空间中的墙体，进行动态的景观处理。让民宿室内设计能够实现动静状态的结合，成为民宿新的关注热点。

网红元素也逐渐成为民宿设计时的亮点，既可以运用当下流行的网红元素如沙画、插画、卡通人物等进行室内装饰，也可以选择使用抖音、快手等 APP 将民宿设计中的亮点通过视频编辑和处理推到网络中共享让民宿成为热点，实现设计与网络的沟通与互动。

旅游景区周边的住宿业，除了民宿之外还有度假村、商务酒店、连锁酒店其至部分宾馆等。和他们相比，民宿在资金投入、商业管理、客房数量等方面都存在一定的劣势。除了家庭式的管理理念以外，与众不同的设计也能够有效提升民宿在住宿业中的市场竞争力。流行元素的运用为民宿紧跟热点、追求时尚的设计表达提供了优质的设计素材。在一定的范围和功能空间引入流行元素可以有效提升民宿室内空间的设计附加值，为民宿经营和设计方面的特色化路线提供思路和方法。

在民宿室内设计的构思当中，能够影响设计方案的因素比较多。这里就几种常见的影响因素进行了探讨，随着民宿行业的发展，影响民宿设计的因素也是会不断变化，新的构思会不断出现，让民宿的室内设计特色能够更加全面的表现出来。

（六）生态理念

现在社会追求的是低碳、环保的生态理念，在民宿设计是需要注意在这方面的内容进行控制。尽可能减少大规模建筑改造和室内装饰造成的大量装修垃圾。低能耗的设计能够地保护旅游景区的环境，比如民宿室内照明设计为例，灯具中光源的选择应减少能耗高的传统光源，多使用以 LED 光源为主的节能光源。室内楼梯间和通道内应该控制使用高峰时段和低潮时段的光照亮度。

提倡"重装饰"的实际理念。加强室内陈设与软装饰在室内空间设计中的比例，对原有建筑进行老化设施进行更换，减少原有建筑的翻修内容，减少室内空间中油漆等材料的使用，增加便于移动和更换的陈设品、植物等内容的使用以便能够及时进行替换。改造完成后的原有材料也不要直接丢弃，如破损的砖瓦等可以进行墙面和地面的拼花装饰上，减少室内材料的损耗和垃圾量，让生态理念在民宿室内空间设计得到有力的践行，同时合理压缩民宿的改造成本。

第六章　民宿室内空间的整体设计

第一节　民宿的空间设计方法

一、空间分隔

民宿室内的空间因使用功能的不同，产生了不同的空间性质。开放性空间和私密性空间在空间属性、设计尺度、材料运用等方面有着不同的要求。所以，采用空间分隔的方法对原有室内布局进行重新划分，能够让设计构思在民宿内得到顺利实施。

空间分隔不仅涉及尺寸、材料等技术环节，更是涉及点线面、肌理、色彩等艺术环节。因此，在考虑室内功能布局的同时，还要将分隔形式、空间尺度、表现形式等因素考虑进去反映出民宿室内设计的特色。

空间分隔的方法比较多，而常见的分隔方法有以下几种。

（一）整体分隔

在室内空间中为了区分不同空间的性能，使用实体墙、玻璃门窗等对相邻空间进行整体分隔。将大空间转化成若干个小空间（见图6-1）。如餐厅的包间、客房的卫生间等空间都是采用这种分隔方式将小空间从大空间中独立出来。

（二）局部分隔

室内空间采用柜子、屏风等家具进行空间分隔（见图6-2），这种分隔保留了两个空间之间在视觉上的通达性。如咖啡厅里面的卡座，保持了它在大厅中的独立性。但是，在整体视觉上又属于大厅的空间范畴。局部分隔要根据空间之间的性能和要求来决定分隔的程度和方式。

图 6-1　墙体分隔

图 6-2　室内空间局部分隔

（三）界面分隔

在室内设计中，空间界面是重要的设计对象。它包括了墙面、地面、顶面等区域，使用界面进行分隔，主要是在地面和顶面的处理方面进行创新，让其能够分隔成相邻的空间。

从地面进行分隔的方式主要是采用地面升降的表现手法，将局部空间的地面抬高（见图6-3）或者下沉形成相对独立的空间。国内民宿设计中流行的榻榻米形态就是将睡眠区从客房中独立出来分隔成单独的区域。此外，在商业空间中通过对比鲜明的色彩对比，将商铺区域和过道区域进行分隔。

图6-3　局部空间的地面抬高

从顶面进行分隔的方式是对顶面设计采用不同的形式，常见的手法是采用不同的吊顶或者灯具表现来分隔不同的空间，民宿空间中常见的吊灯就是将空间中的功能空间单独分隔出来。

（四）利用室内景观进行分隔

民宿的室内空间中经常引入一些景观元素如水景、盆栽、花架等，发挥这些元素在室内空间中体量特色，对空间进行分隔。不仅可以保持大空间的整体效果，还能起到活跃民宿室内氛围的效果，见图6-4。

图 6-4　通过建筑小品分隔室内空间

　　民宿的室内环境是每个独立的室内空间共同组成，而各个空间因为使用性质、开放程度等方面的差异需要进行实体或虚体的空间分隔。让空间之间能够发挥出其特有的空间功能。但是从整体上来讲，它们都是民宿环境的组成部分，分隔空间是相辅相成的空间整体，它们共同发挥作用才能保障民宿室内环境的完整性和统一性。

二、空间序列

　　在民宿中，室内的空间环境之间按照交通动线的走向、空间的使用性质等因素进行了序列组合。这种空间序列组合是设计师按照室内空间的功能进行的合理性设置，各个空间之间存在功能、动线和方向等方面的联系。设计师需要设计的起始阶段就对民宿的空间序列按照起始、过渡、高潮和总结的关系进行梳理。

（一）空间序列的规律

　　空间序列是结合室内空间功能的变化而产生的，它需要设计师根据室内设备、装饰材料和设计风格等方面的要求，使用各种表现内容和设计符号进行构思而成的。因为，空间序列依赖室内空间中各个部分的家具、灯具、陈设品、材料等内容的组合实现的。所以，空间序列的设计手法可以通过物品布置、色彩搭配、光环境设计等相关设计手段来营造具有鲜明的节奏感和持续感的室内空间。

在民宿建筑内，大堂、交通空间、客房等空间都和空间序列有着紧密的联系。室内序列将空间顺序、行进方向等内容进行排列组合，再根据民宿中形式与功能之间的关系进行设计，通过空间序列让民宿内部环境组合成连续、和谐的整体。

1. 空间起始

这是民宿内空间序列的开始，它是民宿设计主题和室内环境的提示性内容。民宿的出入口设计要浓缩整体空间的精华，形成引人入胜的空间形态。

2. 空间过渡

空间过渡是营造室内环境氛围的重要内容，它可以给游客以特殊的引导和启示作用，甚至可以制造出具有悬念的空间形态，让客人在过渡空间思索空间序列的主题与节奏。民宿的庭院设计或者大堂设计就能起到这方面的作用。在中国传统园林中类似的营造手法屡见不鲜，利用回廊、通道等狭长的交通空间将客人引入到主要空间中，通过对比让客人在过渡空间中思索和回味中国园林的意境之美。

3. 空间高潮

这是空间序列设计中的主体内容，民宿可以通过前面阶段的引入和思索等方面的情绪营造，让客人获得"豁然开朗"的视觉感受。让民宿设计中的重点能够以最佳的传达方式呈现给客人，这部分空间往往处于整个民宿的视觉中心或者设计亮点区域（见图6-5）。不同的民宿对这方面的选择也是不同的，有些选择客房，有些选择公共区域。具体如何定位，需要结合环境和设计构思来完成。

4. 空间终结

游客经历了空间设计中"跌宕起伏"的序列感受之后，需要回复到平静的回味阶段。让客人能够更加全面的体验空间序列的独到之处。让空间的布局更加的饱满和真实，达到"收放自如"的状态。

空间序列的处理通过设计手法进行人的情绪调动，让客人在行进过程中体验不同的视觉感受。它更多的是民宿空间从室内设计的角度带给游客的心理印象，是设计体现出其精神属性和文化属性的重要内容。

（二）空间的导向性

以设计手法将客人行为和活动方向进行指引就是空间导向性。在空间导向中需要使用特定的室内设计元素如指引符号、分隔墙体、色彩变化等内容引导客人随着室内空间的布置，进行相应的活动。

图 6-5 空间的视觉效果

作为综合性的室内空间，民宿内部保留着特定的交通空间。在设计时如果使用空间序列的方法进行视觉上的空间引导，和游客进行图形上的交流，就可以不用专门设计导示设施。在民宿室内空间，使用连续的柱体、具有方向指向的构成元素、界面材质的变化等形式来传递室内导向信息，以这些艺术表现手法来指引或暗示人们的行进方向。

合理地运用这些室内空间序列的构思，来完成空间导向性的处理手法有以下几种：

（1）界面设计处理时，暗示前进或者转折的方向。如在地面或者墙体选择具有强烈导向作用和秩序感的图形元素，能够起到暗示游客前进方向的导向作用。

（2）以灯具为导向进行引导，将灯具中光源的分布形态和明暗程度形成视觉上的导向，见图 6-6。

（3）以家具或者室内陈设品在色彩和类型上的切换，形成空间上的对比。

（4）运用室内空间的建筑结构如柱体、楼梯、步道等形成室内空间中的秩序感，在纵向空间中形成上下方向的空间导向，见图 6-7。

图 6-6 空间及灯光暗示

图 6-7 步道暗示

（三）视觉中心

传统意义上的视觉中心，是在空间或者特定区域内能够吸引人们重点关注的位置或者物品。视觉中心是室内空间序列表现的重点内容。如何在空间中有序地将视觉中心凸显出来，可以使用以下两种方法。

1.利用空间位置

人们在空间环境中生活会逐渐形成一定的空间尺度，通过将物品的体量进行扩大形成对比鲜明的视觉形象，形成视线范围内的视觉中心；将物品直接放置在空间的"C"位上（见图6-8），用人们的观赏习惯形成空间中的视觉中心。

图6-8　室内的视觉中心

2.利用衬托的方法

采用对比、特异、发散等构成设计手法来构成视觉中心，如隔断柜设计时，故意保留一个空白位置便于人的视觉穿透，这个位置就容易形成视觉中心；大面积单色墙体的区域出现不同颜色的小面积区域就会形成关注焦点，见图6-9。

（四）空间环境构成的关联与统一

空间序列的组合就是通过将室内空间多个相互关联的空间，组合成具有空间持续感的整体环境。空间序列的主要构成是随着使用功能的要求进行变化的，如通过对连续空间在起始阶段的牵引和暗示，逐步转化到空间的视觉高潮阶段，提升民宿整体室内空间的趣味性和节奏感；在从入口、庭院到大堂、客房的游客移动线路中安排好空间序列的起始阶段，形成有序的空间过渡，让空间序列在设计呈现出自然恬静而又不平淡的视觉效果，见图6-10。

图 6-9　衬托手法形成的视觉中心

图 6-10　空间序列的组织

空间序列中过渡阶段的空间节奏是比较难处理的内容，它起到了承前启后的作用。既可以对开始阶段的视觉效果进行补允和完善，也可以对视觉高潮进行有序的引导，让视觉中心可以在室内空间序列中突出出来，增加空间序列的完整性。

综上所述，空间序列的组织是将设计表现中的对比、过渡、衔接和隐喻等处理技法综合运用起来，将民宿建筑转化为具有节奏感和秩序感的空间环境。

第二节　民宿的室内界面设计

一、界面设计要求和功能特点

（一）界面设计要求

1.经久耐用

民宿的室内空间使用率较高，人员流动量较大。民宿内的空间界面容易造成损耗如墙面或者地面出现墙漆脱落、地板翘曲等，这种情况既会造成装修返工浪费人力物力，也会给客人带来较差的入住体验。因此，在设计时需要保证室内界面装饰材料和设计元素在使用期限内经受得起游客的使用过程考验。此外，界面设计还应该结合所在地区的周边环境和季节气候特征进行温度、湿度、隔音、防噪等方面的处理，避免因疏漏而后期进行返工。

2.消防安全

民宿空间内楼梯和通道较为狭窄，应该尽量避免使用有消防安全隐患的装修材料和易燃易爆物品。如为了增加墙面的隔音效果而在客房墙体中使用软包材料等情况，可以考虑和阻燃涂料搭配使用增加界面的安全系数。

3.选用生态材料

选用墙面顶面的涂料、地面的木地板等材料，需要了解材料自身的技术差数。对其在室内空气中的有害气体如甲醛的释放量进行核定，确定低于安全剂量以下方可考虑使用，避免在室内环境中对人体造成损害。

4.便于施工

民宿的室内空间设计受到市场变化和流行元素的影响，会不定期对部分客房和公共空间进行重新装修。进行室内界面设计时，选择方便安装和替换的材料进行施工。

5.视觉美观

民宿中室内界面是室内环境中面积最大、装饰效果最明显的区域，经常能够成为设计中的重点位置和亮点，需要注重界面设计中的整体美观性进行把控，营造出受到主人和游客青睐的视觉环境。

6.成本控制

界面的体量和面积决定了它在民宿装修中的预算比例，需要进行严格的控制避免出现超支。进行设计时，在保证效果的同时考虑尽量就地取材选择本地材料进行施工，尽量用合理的经济投入来完成预定的设计效果。

（二）室内界面的功能特点

在民宿的室内界面中，按照游客接触频率进行排序，呈现出地面—墙面—顶面的序列。这就相应在具体的功能设计中，参考这样的顺序进行考虑其具体的使用特点。

地面的处理方面，需要进行预埋垫层材料。如果有管道要被埋在地面材料下方时需要保留好原始图片和设计图纸便于后期维护。而选择面层材料时需要注重其耐磨性、防滑性、是否易清洁等功能要求，特别是在处理卫生间的地面时，因为其空间封闭、地面容易湿滑等方面的原因，需要考虑。卫生间还保留着直接的排水孔，应该注重其隐蔽、牢固等方面的要求。

墙面有着分隔空间、吸音减噪、保温隔热等方面的功能要求，进行设计时需要考虑具体的区域气候，如南方的"黄梅天""回南天"等特殊季节性气候特征，要求在墙体材料使用时避免产生墙面潮湿、发霉的情况。

顶面的处理需要根据设计的需要，进行功能方面的考虑。灯具、中央空调等电器设备在顶面的吊顶层进行隐藏式处理。考虑到顶面的安全因素，选择质地轻、美观性高（见图6-11）的材料和物品进行组合。另外，注重考虑顶部吊顶中设备管线的铺设线路是否清晰，减少安全隐患。

图6-11　顶面的处理

二、空间界面的构成方式

（一）地面的构成

室内空间中的底面区域，就是底面，在民宿建筑中主要包括各楼层底面和楼面位置。对地面进行空间处理的方法主要通过：界限区分、上升地面和下沉地面。

在水平的地面上，地形较为平坦且具有良好的空间连续性，但也存在空间位置感模糊，界限不清晰等问题。如果使用界限区分的手法来处理不同空间的界面时，可以采用家具区分、材质区分、色块区分、灯光区分等方法。让大空间的水平地面跟随功能区分成若干个小区域，增加地面区域的可识别性。

利用地面的高差来处理地面，既可以上升部分地面区域让其位置抬高，也可以下降地面区域让其位置下沉，这两种构成手法有利于空间层次的丰富。

上升的地面会形成相对独立、视线易聚焦的空间形态，属于开放型空间的范畴。上升空间可以用于表现性、展示性较强的空间界面，如民宿庭院的小剧场舞台、音乐角的表演台等。北方民宿中的"炕"也是这种处理手法的代表，它更偏重寒冷气候下的生活功能。

和上升地面相反，下沉地面是将部分地面的高度进行下降，形成较为封闭的空间。它偏向于隐私性空间，用下沉空间营造的空间能够丰富地面的层次和效果，加强空间的个性化处理。一般用于民宿内的小客厅、卡座休息区等空间，减少游客从事个人活动时受到的打扰频率。但是，下沉空间必须注意和水平地面进行视觉上的明显区分，设置防护性的设施避免游客移动时因未注意地面变化而产生跌倒受伤。

（二）顶面的构成

顶面在室内空间中又称"顶棚""天花板"等，是指室内空间最上方的顶部界面。顶面设计是室内空间中位置显著的视觉中心，它可以形成具有节奏变化的界面空间。顶面设计的手法较为多样化，可以吊顶、照明、陈设等方面的设计将整个空间的气氛渲染成个性化、艺术化。顶面可以采用中心或局部升降的方式进行空间划分，丰富顶面的空间层次，因此形成了平整式和凹凸式两种主要类型。

1.平整式

对顶面进行整体设计，以简约大方的设计形态展示给游客。它适用于厨房、卫生间、前台等区域。常见的手法是采用吊顶的形式将顶部的设备与灯具进行平整处理，达到统一的设计效果。则进行平整处理的同时，可以将图案、灯光色彩、材料质地等因素融入到吊顶的面材中（见图 6-12），形成具有整体性的设计表现。

图6-12 图案在顶面中应用

2.凹凸式

在民宿设计中，经常在大堂、客房、餐厅等空间中对顶面进行布局升降，形成具有视觉高差的凹凸层次。凹凸式顶面容易营造出具有艺术魅力的空间形态，如采用规则式布置将顶面转化成以大型灯具为中心的聚集式效果，灯具正下方的地面如何使用面积近似的区域进行搭配，极易形成整个大空间的视觉中心；在工业建筑改造时而成的民宿中，许多设计故意保留其顶面密布的设备管道，并通过色彩涂饰、穿插攀爬植物等方式在顶面形成不规则的直线装饰效果，形成符合工业建筑性质的室内顶面形态。

进行顶面设计的时候，应该让顶面追随室内设计风格定位和整体构思进行，不宜过分强调顶面的视觉效果产生花哨、繁琐的视觉感官。

（三）墙面的构成

在室内设计中，墙面不仅是指室内的实体墙表面，也包括了进行空间分隔的隔断墙、门窗等位置的表面。它是民宿空间中面积最大，艺术效果最显眼的部分，见图6-13。进行室内设计时，就有电视背景墙、沙发背景墙等专业术语。它一直在界面设计中扮演着最重要的角色，也是设计中需要重点关注的区域。

墙面对空间的界限取决于其高度的设定，从人机工程学的角度来讲，高于2

米的墙体基本上可以阻挡绝大部分视线产生强烈的空间围合感；低于2米高于1.5米时，则会形成居住坐姿时的空间界限。因此，在墙面的界面设计时可以根据具体情况进行处理。

在墙面的布局中，常见的处理手法有规则式和自由式两种。

规则式界限是在口字形、L形、C形等平面图形的基础上进行隔断围合，形成围合效果的私密性空间，如沙发组合形成的空间围合区域，成为人们进行交谈、休息的静态活动场所，自由式界限会形成较为自由的动态活动场所满足人们休闲娱乐活动的需要，见图6-13。

民宿建筑内，大型空间可以使用相应的墙体分隔手法将空间划分为若干个小区域。让区域之间形成相互关联的整体空间，加强民宿室内空间的功能区划。

图 6-13 隔断墙的装饰

三、民宿室内界面的设计原则与要素

（一）室内空间界面的设计原则

1. 功能原则

民宿的室内界面设计中，功能性的考虑是放在第一位的。例如，电视背景墙能够成容纳电视、音响等视听设备的娱乐区域，卫生间的墙面悬挂的毛巾架、厕纸、洗浴用品等为客人在卫生间的活动提供便利。界面的空间布置需要追随所在空间的功能属性进行设计，完善空间的实用性。

2．造型原则

室内界面中造型线条和图形块面是经常使用的设计元素。它们在形状和组合等方面的多变性。简易的造型处理就能成为独特的界面形态。让界面中的门窗、墙面、地面、顶面等位置使用几何形体、植物剪影图形、民族图案、美术元素等造型艺术形态（见图6-14），为界面装饰创造出具有吸引力的特色效果。

图6-14　界面的造型元素

3．材料原则

材料在质地方面的对比，会增加界面装饰的视觉表现力，从而更好地展现民宿空间的设计风格。大厅追求整体大气的空间氛围，客厅则要传递出精巧细致的视觉感官。实现不同空间下的视觉效果就需要在界面材料的使用过程中，把握材料带给游客的心理感受，营造出特色鲜明、装饰美观的室内氛围，见图6-15。

4．色彩原则

使用色彩进行整体色调的把控，营造视觉效果突出、施工工艺简易的经济性装饰手段。人们在室内空间行进过程中，会被视觉冲击力强、感官印象深刻的室内色彩装饰吸引，产生迥异的心理感受。在进行界面的色彩搭配，注意色彩在色

图 6-15　巧用材料塑造与环境融合的空间氛围

相、明度、纯度方面的对比，协调界面、家具、陈设品中的色彩组合，营造出符合游客心理需求的室内环境。

5. 协调原则

在民宿的界面，注意将不同空间装饰风格的协调性和一致性。让室内界面的形式和功能获得有机的统一。

门窗、电视机、装饰画等构件或物品在墙体中所占的面积较大，协调它们之间的位置和距离，增强空间的亲和度是界面设计中不可忽视的内容，见图 6-16。

6. 经济原则

在民宿室内设计时，需要从经济实用的角度去平衡材料、工艺等方面的预算分配。减少不必要的装饰，提高材料的利用率如将装饰材料的边角料集中起来进行二次利用，体现出界面设计经济性、实用性方面的考虑。

（二）室内空间界面的设计要素

1. 形状

界面设计时，可以选择的形状很多。结合构成原理，将空间界面的主要形状归纳为点、线、面等。这些形状要素在民宿空间中运用和表现如下：

（1）点。

点是空间界面中的常见因素，它的概念是相对的。点有实点和虚点之分，不同的情况下点的表现也是不同的。如民宿墙体中单体陈设物因为体量上与墙体的

图 6–16　顶面设计与空调、消防、照明等设备的协调原则

对比会形成实体的点，而射灯等照射时的明暗对比区域会形成虚体的点。在室内设计中，实体的点是固定的，相对稳定的点形态，它会带给人比较稳定的视觉感受，虚体的点是可移动的，能够产生变化的点形态会带来变化的虚幻的视觉感受。点具有聚集性强，形象突出等方面的特点（见图 6-17），容易形成整个界面装饰中的视觉中心，构思时需要把握好这个元素进行设计。

（2）线。

线作为构成要素在民宿的室内空间中出现的频率是比较高的。它往往是以群体的形式出现在界面中，形成静态或者动态的装饰效果。它具有调整室内空间的节奏与韵律、增加装饰效果的作用。线主要有直线和曲线两种类型。不同的线会给游客带来不同的视觉感受，如现代简约风格中经常使用直线元素进行装饰，将民宿室内陈设成简约、整齐、直率的空间形态，带给人高效快捷的使用体验；曲线属于具有活力、自由随性的装饰元素，它在古典风格和地域特色风格中出现的频率较高，帮助室内空间营造出浪漫、典雅、温馨的界面形态。

线元素在民宿室内中随处可见，民宿的建筑构件、家具、陈设品等都会出现线的要素。线凭借其特有的装饰性可以将室内空间变的更有特色，如传统民居建筑屋顶中"梁柱檩"等直线型的建筑构件，在顶面时它们纵横交错的结构关系产生了独特的装饰意味，再加上它们作为中国传统建筑文化的表现符号（见图 6-18），代表传统文化在民宿空间中的传承与创新。因此，成为许多民宿处理顶面空间时的重要选择。

图6-17 界面中的"点"元素

图6-18 直线的运用

（3）面。

民宿中的面形态经常表现为色彩、材料、光线等形成大面积的界面区域，面随着形状的变化呈现出不同的图形特征，如圆形面能够形成视觉聚焦，形成一定的向心力。大堂或者客房的顶棚设计形成在界面中心位置形成圆形的凹凸形态，使空间具备明确的视觉中心；自由的面体带给人们活泼，浪漫的感觉，在墙面装饰使用多个曲线将界面分割成若干个色彩对比强烈、视觉冲击力强的感官；几何形体的面注重安定、简约的秩序感，在设有门窗位置的墙面上出现的频率较高，见图6-19。

图6-19　界面设计中"面"的运用

2．材料

材料本身的表面质地会带给人不同的感官印象，在视觉和触觉方面产生不同的体验感受。自然材料如石材、木材等天生带有天然、粗糙、温暖的质感效果，而人工加工的材料如玻璃、钢材等经过后期加工表面呈现出光滑、冰冷的效果，见图6-17、图6-18。

此外，后期的加工也会影响民宿室内设计表面的质感效果，如文化石贴面就是故意将大小不一的条石材料堆砌成表面凹凸变化的装饰形态。而竹料、木料经过后期抛光、打磨、上油漆等工艺处理之后具备光滑的表面质感。

因此，民宿在处理界面装饰的时候。根据材料的特性，让材料的质感能够符合设计的整体要求：

（1）材料质感选择应满足民宿的设计要求。装饰材料的表面质感会形成不同的设计体验，会直接影响民宿空间的设计风格和整体氛围。因此，在界面设计的准备阶段就要做好材料使用方面的准备工作,选择适应设计要求的材料进行施工。如果选定材料出现经济、运输等方面的困难,应该选择表面质感相近的替代材料满足设计要求。

(2)发掘材料质地的美观性,自然材料一般都带有天然的色彩和纹理效果如大理石、花岗石等石材。经过后期处理后,这类石材表面会出现美丽大方的纹理图案。将它们贴在墙体或地面时,不需要其他装饰手法的搭配就会自觉成为整个界面设计的关注焦点。但是需要注重材料的美观性和经济性之间的平衡,见图6-20。

图6-20　材料的自然质感

(3)注意材料外形与整体界面之间的体量关系。在设计时,如果单一界面中使用了不同类型的材料进行装饰时,需要按照设计的整体构思对每种材料在界面中的位置、形状进行细致的处理。如电视背景墙中如果同时使用了不同肌理效果的石材,就需要在设计图纸中体现出每种石材的位置和面积,从体量上控制设计的整体效果。

(4)控制选用材料的价格和使用量。界面在民宿室内装饰中工程量较大,预算占比也比较高。因此,进行界面设计时需要控制各种材料在价格、使用量上的平衡。尽量避免出现单一材料预算超出计划,进而影响整个室内装饰工程进度的情况。即使是偏奢华的高端装饰,也应控制高价材料的使用,便于整体预算的把控。

（三）图形元素

图形是有特定的造型、形状和色彩组合而成的，它在民宿室内界面中充当着必不可少的装饰和协调作用。图形是界面设计中常见的设计元素，它既可以是几何图形，也可以是具有地域文化特色的图案。

1. 图形的作用

（1）图形可以利用人们的视觉感官改善室内界面的比例关系。使用细长型的图形进行界面的横向布置会让界面看起来更宽，进行纵向方向的布置会让界面看起来更高，见图 6-21。

图 6-21　竖直方向条纹墙面

（2）图形的外形变化会带来静态或者动态的空间视感。界面上使用平行的连续斜线会让游客产生界面倾斜的视错觉，大小不等的图形色块会让游客产生感觉界面具有浮动变化的运动感。

（3）带有地域文化特色的图形和图案，还能够向游客进行地域文化的展示，见图 6-22。例如，将具有本地文化特色的工艺品或者图形元素在界面上进行展示，会引起游客的好奇心去了解和观察它的由来和寓意。丽江的东巴文字经常会被用于室内界面的装饰方面，特有的造型和用途让东巴文成为游客了解和认识本地文化的重要媒介。

图 6-22　图案在界面中运用

2. 图形的选用

（1）界面图形的选择和室内设计风格是紧密相关的。欧式风格中喜好使用自然图形进行室内装饰，现代设计风格注重几何图形的应用。中式设计喜欢将代表本地文化特色的图案形式设计在界面表面，营造具有地域特色的空间氛围。见图 6-23。

图 6-23　墙面上的图形运用

（2）图形的选择应该结合空间的具体用途。以儿童为主体的活动空间应该注重图形的趣味性选择色彩鲜艳、识别度高的图形；公共空间可以选择视觉效果突出、体量较大的图形进行装饰；客房空间需要选择平和、舒缓、安静、淡雅的图形元素。

（3）控制单一空间中的图形元素类型，以免产生杂乱无章的视觉感受。使用数量较多的图案进行界面设计时，需要就图形元素的主次关系进行有序排布，确定主体图形和辅助图形之间的关系。

（4）使用同一图形元素在民宿内不同界面进行分布时，需要根据界面的体量进行数量和体积方面的限定。不能为了施工的便利将同体积的图形进行随意的布置，产生界面设计上的违和感。

四、空间界面的处理方法

（一）顶面

室内空间的顶面是室内空间中界面形状和组织关系的最直接反映。有序地梳理顶棚的空间关系，可以帮助室内界面建立起具有秩序感和节奏感的空间布置。而在这个过程中，需要对顶面中设计元素进行整体的规划，让室内空间的顶面能够营造出具有艺术特色和人文魅力的环境氛围。

民宿在顶面处理时，需要结合建筑的屋顶进行处理。让顶面设计能够融合屋顶形态产生新的外观形态。例如天井式顶面，具有视觉上的绝对中心，需要围绕天井的形态进行设计处理，凸显天井在顶面空间中的视觉效果，同时结合照明设计的处理让顶面夜间呈现出别样的灯光效果；传统民居双斜坡屋顶（见图6-24）由屋顶的结构支撑件组成了具有节奏感和韵律感的顶面造型，可以保留屋顶主体结构并进行装饰性翻修如重新进行涂饰、绘制彩绘等，改变其陈旧荒凉的视觉形象；现代建筑平面式顶面，可以使用灯具与吊顶进行处理，设计出具有高差变化的分层效果。工业建筑顶面纵横交错的管道可以使用现代构成的设计手段在材料、色彩、方向性进行艺术化处理，改变建筑顶面冷漠、严肃的视觉效果。

选用顶面材料的时候，注意材料与原有屋顶材料在质地、色彩、造型等方面的匹配程度。客房空间处理顶面时尽量营造轻盈、开阔的视觉效果。如果屋顶层高有一定的视觉压抑感就考虑使用吊顶在顶面与墙面的连接处使用光带照明的形式模糊分界线，使顶面空间的高度产生视觉上的错位而改变顶面压抑的问题。顶面在界面设计时起到营造视觉氛围的作用。

图 6-24　屋顶建筑结构

（二）墙面

现代建筑的室内空间由六个界面围合而成，而墙面就有四个。因此，墙面在界面设计中比重是比较大的，这也造成了墙面的设计效果会直接影响室内设计风格和艺术效果。因此，在处理墙面效果时，需要对它的图形组合、造型、材质与色彩等方面进行整体协调。

图形元素的块面组合多样化，带来了不同的墙体视觉体验。图形中的线条组合、材料纹理、图案纹样等内容由一定的设计构思进行墙面上串联，形成具有一定艺术感染力的界面装饰效果。如线性装饰线条在墙面上呈序列排布，会增加空间在水平和垂直面上的视觉延伸，见图 6-25。

材料在墙面上的使用形式会直接影响墙面的肌理效果，如近年来流行的硅藻泥材料，因其环保特性和装饰特性受到了青睐。硅藻泥材料饰面可以使用模具让墙体表面呈现出自然、粗犷的艺术效果，在民宿空间中成为常用的墙面材料之一。

墙体彩绘是常见的界面装饰手法，预先选择和室内设计风格向匹配的画面内容。经过画师们从轮廓勾勒、色彩填充再到后期处理等绘制流程后完成。为墙面装饰提供了一种性价比高的艺术表现方式。

光影效果是新出现的民宿墙体装饰方式，它最初出现在中国古典园林中粉墙和树木之间投影效果。现在逐渐开发的新媒体艺术表现手法，利用投影设备和音响设备让建筑表面成为背景，进行叙事性片段的演绎。除了墙体装饰以外，还逐渐形成具有文化特色的景观展演方式。

墙面中的门、窗、窗帘等也是体现墙体装饰效果的重要内容，需要对他们进行空间节奏感和韵律感方面的统一布置。

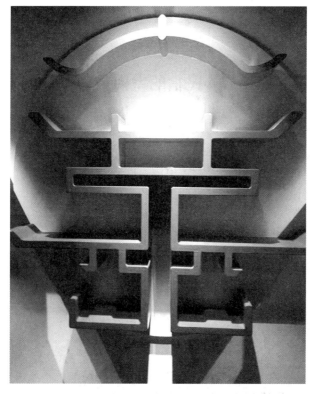

图 6-25　乌镇西栅景区的墙体装饰

（三）地面

　　室内物品摆放面积较大、不等高差的地形和人体接触频繁等因素，让地面的界面设计更多的是考虑功能方面的区域划分。但是，它的装饰效果也不应被忽视，也需要根据空间属性展现出一定的视觉美观效果。

　　地面的材料的选用可以考虑材料的功能性和质地进行综合考虑。例如，客房中常见的木地板材料表面展现出的木纹肌理图形，能够增加室内的质朴天然的视觉感，木地板独特的人体亲和度让它具备了功能方面的优势成为客房地面装饰的重要材料；地毯是地面装饰时软化其他地面材料生硬、冰冷等材料感觉的辅助材料，还能够提升地面的艺术效果；石材或者瓷砖以便于使用和清洁等性能成为大堂、卫生间等空间的首选材料，它自身的纹理效果不够突出，可以使用块面拼装的形式增加中心区域的美观性。

　　为了活跃室内的空间气氛，增加民宿内的乐趣，可以在楼梯、过道等空间采用具有不同色彩、不同图案组合的块面形态形成具有连续性和韵律美的地面装饰，再给人带来视觉节奏感的同时，起到空间导向的作用。

第三节　民宿的室内色彩设计

在民宿空间，色彩是重要的设计环节。色彩能通过光线的作用产生各种各样的组合形式，带给人不同的视觉感受，并带来情绪的变化。同时，色彩也是在一定程度会影响室内的设计风格，影响室内空间视觉氛围的形成。设计师应该根据色彩的特性进行设计，让色彩融入到民宿的整体设计中。

一、色彩的影响

色彩已经成为人类生活中密不可分的重要元素，它能够带给人心理感受和情绪上变化。如红色代表喜庆，白色代表纯洁，黑色带来压抑等，如何合理地运用色彩关系来装饰民宿室内空间，需要就每种色彩的视觉影响进行分析。

（一）白色

室内色彩设计中出现频率最高的颜色，它有着纯洁、朴素、洁净，明快等色彩属性。白色是色彩系列中百搭色，任何颜色和白色进行组合都可以获得艳丽、明朗的视觉效果。设计界甚至出现了以白色为主题的"白色派"设计组织，以白色为主色调进行建筑及室内空间的设计，创造出超凡脱俗的视觉空间。

医院和酒店、招待所的室内空间曾经大量地引入白色为主色调进行室内色彩设计，用以显示这类空间追求的清洁、卫生、纯洁等色彩寓意。但是，随着人们生活水平的提高，对颜色的喜好也产生了许多变化，白色影响下的单调、寂静、空洞等心理感受更多地被人们所排斥，造成了许多建筑和室内空间使用其他颜色替代白色。

属于白色系列的米色，在室内空间中使用的频率越来越高。相比较纯白色的单调，米色以其微淡的彩色倾向受到人们的青睐，米色容易帮助人在室内空间中形成平和的心态。

（二）红色

作为室内空间中实际冲击最强的色彩之一，红色以其激烈、奔放、热情、喜庆等色彩属性，营造出具有生机与活力的动感空间。红色不论和哪种颜色进行组合，都能够迅速成为色彩组合关系中的主角，因此使用红色作为空间色彩使用的时候，需要考虑其作为搭配颜色时色块、面积和位置方面处理，以便产生视觉中心转移的情况。作为暖色系列色彩之一，红色还能带来温暖的心理感受，在处理温馨、浪漫的主题的室内空间时，常作为重要的选择出现。中国传统建筑内，许多室内物品如灯笼、蜡烛、对联、家具就是以大红色的色彩面貌出现的，红色是中国传统设计风格中不可缺少的色彩选择。

（三）黄色

黄色以其明快、温馨、柔美的色彩寓意，容易带来温暖、愉悦、生机勃勃的空间氛围。黄色的变化是比较多的，它是大地的主色调之一，因此许多建筑表面都呈现出土黄色的土壤颜色。在中国如雨后春笋般出现的快捷酒店中，客房的墙体界面和布草的色彩都是以黄色系列进行搭配的。黄色还是室内灯光的主要色彩，在建筑和室内空间的夜景效果中成为了色彩关系中的主角。

（四）绿色

自然界中的绝大多数植物都是以绿色的面貌出现的，绿色成为了健康、环保、和平、安逸等心理的代名词。在设计行业，绿色设计理念更是被视为未来设计的发展趋势之一。旅游景区中，自然环境也带给人以绿色为主色调的色彩印象。因此，在民宿的设计中，绿色都是不可缺少的色彩。不论是室外的自然环境还是室内的人文环境，绿色植物都是必需的设计要素，远眺绿色还能给人的眼睛带来松弛、舒缓视神经的生理功能。在室内陈设和家具色彩中，需要对绿色的纯度进行控制，营造和谐的色彩环境。

浅绿色是室内空间中常用的颜色之一，它介于冷色和暖色之间，能够带给平静祥和的心理感受，有助于人们活动时情绪的平复。

（五）蓝色

蓝色作为天空、海洋的色彩，带给人宁静、清爽、舒适的视觉感受。在办公空间中，使用的频率较高。蓝色和绿色还属于冷色调的范畴，许多空间中采用蓝色色调可以起到中和空间气氛的作用，如在儿童房中为了中和暖色系列带给儿童的情绪影响，还会在家具和小物品的色彩使用蓝色帮助调节室内氛围。

地中海设计风格就是将代表海洋的蓝色作为室内空间的主色调之一，在建筑构件和室内陈设中广泛使用。

（六）紫色

紫色象征着高贵、典雅、浪漫等。它具有独特的色彩魅力，容易在室内空间中营造出浪漫、温柔的色彩感受。作为混合颜色，色彩还带有孤傲、悲哀等视觉情绪。使用紫色在进行民宿空间设计的时候，可以将其作为点缀色出现在陈设品、界面和布草的表面。不宜作为大面积的主色调进行使用。

（七）灰色

灰色是中式设计风格中的常用色彩，传统中式建筑中的青瓦白墙已经成为能够代表中国文化的视觉符号。中国画创作中灰色更是不可缺少的颜色要素。

在民宿建筑改造中，许多建筑的色相倾向偏向于灰色。因此，设计民宿空间时，灰色是进行合理引入的色彩。灰色能够综合颜色的鲜艳属性，带动空间的色彩节奏，可以作为界面装饰的背景色选择进行使用。需要注意的是，灰色作为许多负面情绪的传达色，需要对其的使用进行扬长避短，合理开发其色彩属性营造出具有优雅、细致的空间氛围。

（八）黑色

黑色作为稳重、安定、商务的色彩倾向，让它出现在许多的正式场所。将黑色运用到室内环境中，可以增加色彩关系中的严肃、坚实和崇高等方面的视觉感受。因此，黑色一般不适宜作为主色调和背景色进行大幅度的使用。但是，黑色作为百搭色之一，能够和其他鲜艳的颜色进行强烈的对比，突出其他颜色的色彩效果，获得较好的视觉效果。

二、室内色彩的基本要求

（一）色彩特性

颜色是具有自身的特性，并能够影响人在生活场所的心理感受。在进行设计之前需要对色彩的性格进行清晰的认识，梳理清楚每种色彩对空间组织关系的影响，特别是经过色相、明度、纯度调和后的设计色彩。

（二）背景色分析

在室内空间中，控制民宿设计风格和整体色调的是空间的背景色，背景色可以和其他色彩进行调配，产生不同的色彩效果。如以灰色为背景色的情况，增加黄色、红色等暖色系的色彩可以减弱暖色中的强烈色彩渲染性，起到中和色彩效果的目的。

还需要注意环境色和光源色对背景色的影响，注意在一天中的不同时间段，背景色在色彩倾向方面的变化，不宜产生对比过于强烈的色彩对比。

（三）色彩取样和组合

随着现代设计表达手段的完善，给室内空间中进行色彩的选择提供了便利的条件。可以选取不同的色彩样品，通过设计软件的图纸绘制让色彩搭配能在方案阶段让设计师和民宿主人达成共识，再根据色彩设计方案进行相应色彩的室内物品进行搭配。需要注意的是，图纸色彩和装修过程中真实色彩存在偏差，避免出现色彩差别过大而影响室内装饰效果。

（四）色彩的组合方式

1. 典雅组合

在民宿的室内环境中，优雅的色彩组合能够带来赏心悦目的视觉感受。它需要进行自然色彩的有机调和来营造出典雅的倾向。可以使用明度和纯度较为饱和的色彩为主体颜色，附加上强烈鲜艳的客体色彩进行对比和衬托，减少单一装饰带来的视觉乏味，形成典雅和谐的色彩风格倾向。

2. 中性色组合

现代简约风格使用黑、白、灰及其附属的色彩系列进行色彩组合，产生了稳定、和谐的色彩关系。中性色作为主色调运用时，还需要根据具体的空间要求选择相应的冷暖色系中的色彩进行混合装饰，营造简约而不枯燥的色彩环境。

3. 艳丽组合

使用明度和纯度较高的色彩进行室内空间的装饰。这种艳丽风格多用于一些特定的设计风格如田园风格、波普风格等。艳丽组合能够带动人们的情绪表达，常用于娱乐空间等年轻人聚集的活动场所。另外，儿童房对色彩运用也偏爱效果艳丽的色彩组合。见图6-26。

图6-26　艳丽的色彩组合

三、室内色彩的设计方法

（一）方案调研和色彩定位

色彩运用方面的调研可以并入整体设计调研阶段，以调查问题、访谈、资料查阅和专家咨询等方式进行。调研的对象包括民宿主人和不同年龄段的游客群体，针对他们对色彩的喜好来进行设计风格和色彩关系的定位，形成符合主人和消费群体审美观的色彩设计思路。

（二）室内色彩运用

1.整体色彩

对民宿的室内色彩进行整体的把控，根据设计构思确立空间的主色调。再通过对室内界面的装饰进行把控，实施主色调的色彩方案，见图6-27。

图 6-27　民宿内的整体色彩

2.家具色彩

不同的设计风格决定家具不同的色彩倾向。家具是室内空间进行设计时的主体对象之一，是表现室内设计风格、彰显空间个性的重要元素。需要注意不同家具的色彩和界面背景色的协调，再根据各个空间的独立属性选择家具的主色调。

3.陈设色彩

室内的陈设包含的物品和设备较多，以布艺物品为例，在质地、色彩、图案等方面呈现出多种表现形态。布艺物品是直接接触人体的物品，在陈设色彩中具有重要的作用，可以选择其作为空间的主色调进行设计，也可以起到衬托作用。

其他类型的陈设品如灯具、陈列品、室内设施等，拥有造型独特、体积较小的特点，在室内环境中经常作为亮点出现，需要实行合理的色彩搭配让其在空间发挥点缀作用。

4.绿化色彩

民宿内的植物，既有绿色的基础色调，也有不同姿态和色彩的重点色调。民宿内的植物在民宿空间可以起到协调色彩的作用，对空间的美化而言是不可替代的。此外，绿化色彩需要注意和民宿周边的植物环境进行融合，形成室内外色彩共生的整体环境色调。

5.灯光色彩

室内的界面和物品在不同光环境下会呈现出不同的色相变化。夜间或者日照不足的白天，界面或者物品的固有色会出现暗淡化、减弱化的趋势。而灯具色彩在光源和灯罩的作用下会形成光影关系明显的照明色彩，即使是同一界面颜色由于照明色彩的不同也会呈现出截然不同的色彩效果，因此，处理灯光照明时需要根据装饰设计的目的进行灯光色彩的控制，展示具有独特魅力的夜间色彩关系，见图6-28。

图6-28　灯光色彩效果

（三）室内色彩构成

1.色彩设计调和

从以上室内设计的各个环节和物品的色彩运用中可以看出，色彩的运用概括为以下三个部分：

（1）拥有大面积色彩的背景色，它可以影响室内其他物品色彩倾向和选择；

（2）作为室内色彩关系主要表达对象的主体色，它可以决定单个空间的色彩关系；

（3）对室内色彩环境进行点缀的对比色，它常出现和背景色、主体色不同的色彩倾向，成为室内色彩的有力补充。

它们分别作为室内色彩营造中背景、主体和客体，发挥着各自独特的作用。进行设计构成时需要就它们之间的关系进行有序的调和，发掘出室内空间的独特色彩关系（如图6-29）。

图6-29 色彩的调和

2.色彩的变化与统一

合理地运用色彩构成规律，形成色彩关系之间的统一，是进行室内整体设计的原则，为了让色彩能够更加有效地进行组合，从而营造出更好的室内氛围，需要考虑一下色彩设计中的几个问题。

（1）主色调的作用：民宿室内空间中主色调的控制是需要进行不断调试的，甚至每隔一段时间都需要通过主色调让色彩的冷暖关系、情感表达等内容进行变化；

（2）不同空间之间的色彩关系：民宿个性化的设计目标让不同的客房之间产生了多样化的色彩关系，在整体色彩设计原则的基础上进行色彩关系的统一处理；

（3）运用色彩的构成要素，对色彩的变化进行合理的处理，营造出具有特色化的色彩环境。

此外在民宿设计中，色彩关系的变化需要根据民宿主人的理念进行适时的变化，让色彩成为民宿观赏环境中的有机组成部分。

第四节　民宿的室内照明设计

一、室内光环境的基本概念

（一）自然光源

白天，我们感受到太阳直射地面的阳光和天空反射的光形成的照明光源就是"自然光源"，在室内设计将空间接受自然光源的程度决定"采光"的优劣。

自然光源除了基本的日间照明保障外，还可以通过照射带来温度和紫外线的变化。方便人们在日常生活生产活动中进行物品晾晒、杀菌、消毒等，是保障我们日常生活健康的必要条件。在室内设计中，主要通过门、窗、天井等设施将光源引入室内，改善室内居住环境，提高人体舒适度。在民宿的设计中，庭院、露台、阳光房等区域和位置是获得采光的重点区域，也是游客喜爱的休闲场所。

（二）人造光源

夜晚，由于我们所在的位置处于太阳照射的背面，造成了生活必需的照明缺失。人们就通过开发出各类人造光源进行夜间照明。

人造光源从开始的火把、蜡烛、油灯等明火照明设备到现在的灯泡、惰性气体灯具、LED光源灯具等发光照明设备，经历了漫长的演化过程。人造光源除了能够满足夜间照明以外，白天室内光线不足和艺术效果营造时，还可以发挥其特有的特性满足人们工作生活的各项需要，创造出具有功能性和装饰性的空间照明。比如工厂、学校的日常工作或学习时需要均匀、明亮的室内照明功能，而在酒吧、舞厅、KTV、广场（见图6-30）等休闲空间则需要突出照明的艺术特性进行装饰。

图 6-30　人工照明衬托下的重庆街头夜景

（三）照度

特定采光面上收到的光通量构成了照度。照度直接关系室内的照明质量，是进行照明设计评价的重要技术参数。随着照度在固定照面上的增加，人在室内的视觉功能会随之提高。

照度是否合理，直接关系到工作和学习时的效率。为了降低人眼疲劳，光源和灯具的布置还应该注重照度的均匀性，根据光源的特性控制室内灯具的数量、摆放位置和间距等，营造出适宜不同功能空间的室内照度。

（四）亮度

亮度是进行照明设计评价中的主观性指标。它通常指的是物体表面的明亮程度，一个良好的民宿室内环境，离不开亮度适宜的照明设计。需要做到明暗结合、生动实用，以免造成过亮或者过暗的情况影响人的正常室内活动。

（五）色温

色温就是专门用来表示光线颜色成分的概念，光源的色温会直接影响光色，光源的色温低，会让人感觉到温暖，反之则显得凉爽。

室内设计中色温的选择，要以空间的功能和氛围为依据。例如，低色温的黄色灯光能让室内气氛显得更加轻松悠闲，适合游客的休息。此外，色温还和照度有关联，照度增加，色温也会提升。

（六）显色性

光源的显色性是指光源显现物体颜色的特性。显色性常用来评价光源对物品表面色彩显示的差异性。由于光源的类型不同，同一物体会在光源的影响下出现不同的色彩倾向，形成"光源色"。显色性的优劣直接影响光源对物体颜色的表现，进而影响物体本身自然色的色彩属性。

（七）眩光

眩光是室内空间亮度对比过强时，让人产生视觉效果降低或者可视范围模糊等人体不适感的照明现象。眩光会对人在室内照明环境下的正常生活产生不良影响。

因此，在进行灯具选择和照明设计的时候，必须减少或者控制眩光现象的发生，常用的方法是对光源的照度进行控制，可以通过采用磨砂或者乳白的透光材料遮蔽光源，通过其阻隔降低亮度；也可以通过调整灯具的位置和高度进行控制等。

二、照明设计原则

在民宿的室内设计构思中，照明设计应遵循以下的原则。

（一）安全原则

夜生活在光源和灯具的帮助下，让人们的活动时间得到了延长。电能改变了人类的生活内容，成为人类生活不可缺少的能源。电和电器在给人类生活带来进步的同时，也存在着一定的安全隐患，特别是民宿空间中，因为游客的年龄、生活习惯等方面的巨大差别，用电的安全一直是民宿设计和管理中的重要内容。2013 年，香格里拉古城火灾就是因为入住民宿的中老年客人使用电暖设备的不规范行为而引起的。因此，安全原则是民宿照明设计中的重要要求。

电器设备的选用必须采购安全质量有保障的产品；电线的铺设和走向严格按照设计图纸规范进行，不能为了贪图便利胡乱搭钱；考虑到特殊的气候条件增加防湿、防辐射的安全设置；危险的区域需要进行专门的标识，以防儿童打闹造成的安全隐患；卫生间位置的灯具需要考虑特殊使用环境下的安全设置等。总之，安全性是民宿空间照明设计中必须严格遵循的设计准则。

（二）实用原则

室内的照明直接关系着室内的使用效果。它不仅影响夜间生活，也影响日间采光不足和白天客人休息时的生活质量。因此，在室内的照明设计和灯具布置时，需要根据房间的大小和功能需求提供足够的照度保障客人活动的需要。以客房为例，它的照明系统是比较复杂的，有主灯、辅助灯、床头灯、台灯、夜间灯、应急灯、卫生间顶灯、镜前灯等灯具组成，每种灯具都具备自身的独立功能。因此，在照明设计时，需要全面考虑室内的光环境，从光源选择、光色、光照方向等方面着手，为客人提供便捷实用的照明环境。

此外，在灯具的安装过程中，需要考虑到使用及维护方面，不宜采用过于复杂的单一灯具。

（三）美观原则

照明设计作为室内设计中"锦上添花"的内容，在特殊时间段，甚至可以成为室内艺术环境的主角。设计构思之初，就需要从灯具的数量、光色、位置等方面思考灯光在空间中的视觉效果，见图 6-31。

图 6-31　民宿餐厅的灯具

设计师处理照明设计时，需要结合场地性质考虑照明设计的方法。指定性的功能空间如吧台、餐厅等位置的墙体照明需要营造出视觉效果特殊的室内照明。通过控制筒灯或者射灯的照射方向在墙体表面形成明暗对比强烈、光色效果不同的光影效果，营造出温馨舒适的光环境。酒吧、舞台等位置的照明设计需要具有色彩变化、光影晃动的动态效果烘托出这类娱乐空间的青春热情、节奏变化快的空间氛围。

（四）经济原则

照明设计需要耗费大量的资源来保证其日常的使用。在设计和使用过程中，应该考虑到这方面的需求。一方面选择价格适中、质量可靠、高效节能的灯具进行采购，如尽量选择 LED 作为光源的灯具，减少热传递为主的光源灯具数量。这样不仅可以节约电力的使用，还能一定程度上减少安全隐患。另一方面，对照明设计方案进行优化，减少不必要的灯具设置，根据照明的需求采用分区照明的方式。使用频率不高的公共空间，可以采用感应式开关方式进行控制。

三、照明设计程序

（一）明确照明目的

在进行照明设计之前，需要就室内空间的使用性质进行前期准备。前台、大堂、客房、休息区、餐厅等空间的用途和对照明的设计要求罗列出来，以确保照明设计中对灯具和照明设备的选择。目的明确之后，再结合设计风格的要求进行照明环境的艺术处理进行探讨。如营造出宁静舒适的客房照明，需要对不同灯具的照度和亮度进行均匀设计，避免出现光源的强弱对比而产生的视觉不适。

（二）确定空间照度

在民宿的室内环境中，各个空间和区域对照度的要求也是不同的。如阅读区域需要小范围的集中照明，需要提高空间照度；而视听区域为了获得较好的影视观赏效果，需要适度降低照度以便于游客融入视听情节中；工作区域需要均匀、稳定的照度来满足人们进行正常长时间学习、工作的照明需求。照度过高，会带给人紧张忧虑的视觉氛围，照度过低，容易让人不自觉产生疲倦的心理。因此，根据空间性质的需要选择适度的照度水平是十分重要的。照度标准值是指工作或生活场所参考平面（又称工作面，当无其他规定时，通常指离地面 0.75 米高的水平面）上的平均照度值。《建筑电器设计技术规程》根据各类建筑的不同活动或作业类别，将照度标准规定为高、中、低三个值。设计人员应根据建筑等级、功能要求和使用条件，从中选取适当的标准值，一般情况下应取中间值。

（三）照明方式

空间中根据照明需求，进行了照明形式的划分。

1．一般照明

一般照明，也可以称为基础照明。它是一种控制室内整体均匀照度的照明方式。一般照明根据空间的大小设置灯具的照度与数量，常常在空间顶面呈现出序列式灯具排布。一般照明对照度和灯具布置有着较高的要求，例如办公室空间的一般照明要求提供光线充足、办公桌面无阴影的设计。一般照明的耗电量较大，一般只出现在游客活动频繁的空间如大堂、楼梯、过道等，而在商业、办公、教学等场所一般照明使用得就比较普遍。

2．分区一般照明

室内空间的特定区域会产生超出所在空间平均照度的照明要求时，就需要在这些区域设立特定的照明分区，通过加强灯具照度或增强灯具数量等方式产生分区均匀的一般照明称为分区一般照明。这种照明在各自分区范围内实现了一般照明，但是各个分区之间的照度又有所区别。

3．局部照明

在指定性空间区域，会为了特定的活动设置灯具的照明方式，称为局部照明。它常出现在对照度和光线有着特殊要求的位置，如厨房的烹饪位置、浴室柜的镜前位置等。局部照明需要注意和一般照明不要形成过大的照度对比，以免产生眼睛的不适感影响游客的活动安全，见图 6-32。

图 6-32　墙面灯光效果

4．混合照明

在客房空间内，既有一般照明，又有满足如睡眠、工作、休息等区域照明需求的局部照明。这种将两种及以上照明相结合的方式成为混合照明，它能够适应不同室内活动下的照明需求，一般照明和局部照明都有特定的使用时间段。混合照明是比较经济的照明形式，还能够给客人带来多重的照明体验而广泛地运用在民宿的主要功能空间中。使用混合照明时，需要前期对电气设备和电线走向进行严谨的设计，增强客人体验的便利性和安全性。

（四）灯具的选择

灯具是照明设计中的主角，它不仅可以提供给使用者舒适的光环境，也是民宿室内设计中的重要组成部分，营造出民宿优美的室内环境。它是设计过程中艺术性和科技性的高度统一体。现在，随着人们对民宿环境要求的提高，民宿内的灯具数量和类型也不断增多。不同的灯具可以带来不同照度、色彩和光影关系，营造出具有生活情调的室内光环境。因此，对灯具的选择直接关系到室内环境的舒适性和美观性。

从灯具所处位置和功能要求，对灯具的类型进行了如下的划分。

1．吊灯

室内空间中，出于提高照明效率方面的考虑，灯具经常出现在室内的顶部界面，借助其高度上的优势，有效提高灯具的照明效率。吊灯就是其中的典型代表，吊灯常作为室内大空间的照明灯具，出现在大堂、休息区、客房等多个空间中（见图6-33）。吊灯的灯罩是对灯具的整体外观和照明效果进行控制的重要部件，多以金属、塑料及玻璃等材料制成，吊灯的悬挂位置多处于顶面的中心，高度要求离地2.1米以上，如果进行局部照明时，可控制在离地1~1.8米之间。

由于吊灯在体积和位置上的优势，它一般具有高度的装饰性，是室内风格定位的重要风向标，因此，需要从整体设计风格的角度进行吊灯的选择，控制其对室内环境的影响，让其成为室内设计中的重要内容。

吊灯的创新性应用也是不断出现，衍生出具有复合功能的吊灯形态如风扇灯，就是将吊式风扇和灯具进行结合产生的新型吊灯，它多用于民宿的餐厅中，满足游客就餐时照明与降温的双重功能需求。

2．吸顶灯

作为下照式的灯具，吸顶灯需要直接将灯具吸附在室内的顶面。作为固定式灯具，吸顶灯是民宿室内空间进行一般照明的重要选择（见图6-34）。它的使用特性基本上和吊灯一样，只是两者在视觉感官、外在形式方面存在不同。相应的使用空间也会有所不同，吊顶多用于客厅、宴会厅、舞厅等注重民宿整体

图 6-33　民宿内的吊灯

图 6-34　吸顶灯

形象表现的空间，而吸顶灯更多出现在客房、厨房、卫生间、楼梯、走道等偏重生活体验的空间。

3. 筒灯

筒灯属于嵌入式灯具，它是直接嵌入吊顶中的下照式灯具。它的灯光照射范围较小，主要用于民宿室内空间的局部照明。例如，客房顶面的边缘地带使用筒灯增加室内的亮度，楼梯走道中搭配进行辅助照明灯。

4. 壁灯

壁灯是安装在室内墙体界面上的一种灯具。作为背景灯和补充照明，壁灯在室内照明设计中有着独特的作用。它用于局部区域的一般照明，补充在指向性区域如阅读区域的照明亮度。壁灯在民宿空间中除了照明作用以外，还有着重要的装饰作用。壁灯是界面装饰立体化、形态延伸化的一种元素，它可以将墙壁渲染出独特的光影效果，壁灯的灯罩能够削弱光源的亮度，柔化照射区域边缘的轮廓，让光线变得柔和温馨。壁灯的安装高度需要根据具体的情况而定，和床体、沙发相连的壁灯需要满足功能需求不宜装得太高，而作为装饰效果的壁灯则提高安装高度，起到烘托整体界面设计效果的作用。

5. 台灯与落地灯

这类灯具除了光源和灯罩以外，还有灯具的支撑件。支撑件直接垂落在家具表面或者地面。其中，台灯主要是满足工作学习区域的局部照明需求，它主要出现在床头柜、办公桌、工作台、书桌、茶几等位置，落地灯时常伴随着沙发、电视柜、贵妃榻等家具的旁边用以待客、休息和阅读之用。这类灯具具有独立的造型和位置，在室内环境中能够起到"画龙点睛"的美化作用。

6. 射灯

射灯是民宿空间内为了强调某部分区域，而设置了具有轨道的序列式灯具。灯具沿着轨道进行移动布置，能带来投射的照明效果，有助于加强特殊物品的照度。轨道射灯可以提高物品的视觉效果，使其在室内界面的展示空间和展示区域获得了广泛的应用。装饰画和轨道射灯的组合是在民宿空间中常见的装饰搭配。

除了以上灯具以外，还有应急灯、建筑照明灯具、LED光带、植物效果灯等有着特定功能的灯具。

照明设计在室内环境中更偏重于设计的艺术性表达，如灯具的装饰、光影效果的形成、建筑轮廓亮化、孤植植物形态表达等（见图6-35）。而在设计的科学性方面，还需要结合室内空间需要的照度和亮度，选择不同光源形态的灯具进行搭配，让民宿的室内光环境在照明设计的构思之下实现艺术性和技术性的统一。

图 6-35　景区的夜间照明

第七章　民宿室内家具及设施设计

第一节　室内家具

一、家具的类型

家具作为室内空间中的重要物品，它是人们在室内空间生活工作中不可缺少的重要内容。关于家具的定义，既有功能方面的解释，也有装饰效果的表达。但是，家具作为室内空间中的器皿与设施，它是人体活动和室内空间进行连接的桥梁，也是人类生活方式演化的百科全书。现代生活中，家具已经不仅具备了实际的使用价值，还成为具有美学价值的大众艺术品。旅游景区的户外家具设施更是出现了"百花齐放"的设计样式，从材料、工艺到创意、造型、肌理、色彩等方面，家具逐渐成为了具有独特韵味的风景。

民宿室内空间中的家具，也可以延续旅游景区的设计理念。让家具在装饰层面和文化层面承载更多的设计要求，让家具能够满足游客在物质和精神上的生活需求。

随着民宿设计理念的不断变化，建筑、界面等传统设计主体逐渐往设计客体方面进行转移。而环境、设施等设计客体可以崛起成为民宿中的设计重点。家具因其自身的功能属性，一直保持着对室内装饰和环境氛围营造的重要作用。

（一）室内家具的分类

民宿内使用的家具数量较多，它根据自身的属性具有多种不同的分类方式。考虑到和民宿空间设计的关系，主要从使用功能和组合方式两个方面进行分类。

家具各自不同的使用功能对应着不同的人类活动方式。各种家具都具备自身的使用特点，基本可以分为以下几类：

（1）坐卧类家具。

坐卧类家具是最常见的家具类型，它是和人类活动高度关联的家具，包括凳子、椅子、沙发、床榻等（见图7-1）。坐卧类家具是承受人体全部重量的家具，支撑结构一直是设计中关注的焦点。以椅子为例，从最初的席地而坐转化到后来的驻足而坐，从四足支承到多重支承方式并存，从单一的木制材料到现在的综合材料。椅子发展的历程几乎贯穿了家具历史。

图7-1 坐卧式家具的设计

（2）桌台类家具。

这类家具主要是人们生活中进行物品放置，学习生活活动的家具类型，它们包括了工作台、办公桌、茶几、餐桌、操作台等家具。这类家具往往是和坐卧类家具组合进行使用，因此，它们的外观造型和设计风格必须和坐卧类家具保持一致，还要注意在尺寸方面是否能够满足游客生活便利的需要。

（3）储存类家具。

这类家具是人们进行物品储存、展示和陈列的家具类型，包括了衣柜、书柜、酒柜、博古架等家具。这类家具经常依托室内墙体进行摆放，提高室内空间的使用效率。在民宿内，这类家具的使用功能有一定的转化，比如博古架和陈列柜会将民宿主人收集的陈设品展示出来，增加民宿内的情感氛围；衣柜等客房家具不仅满足储存客人物品的作用，还有着存放布草、被褥等房间用品的功能。

根据实际情况对民宿的储存类家具的功能进行处理，能够有效提高家具的使用效率。

（4）装饰类家具。

装饰类家具是以美化民宿室内环境，提升空间氛围为目的进行设置的家具，它们一般具有一定的实际功能，但更多的是承载设计师和主人创意构思的表现手段。它们在外观上标新立异，让家具在基本的使用功能以外展现一定的趣味性，让民宿空间的观赏功能得到体现，见图 7-2。

图 7-2　装饰类家具

（二）家具组合方式

按照家具之间的组合方式对家具进行分类，可以从家具数量、组合方式、摆放形式等几方面的内容分为以下三类。

1. 单体家具

单体家具在室内空间往往是以独立形态出现在室内空间上，它是家具设计师和使用者的个性体现，它在室内空间还会占据较为独立的空间范围，成为和其他家具有差异化的个性物品。但是需要注意的是，单体家具不能成为民宿空间内的"孤立者"，它需要表现出个性、对比等家具属性，成为家具群体中的一员。

2. 配套家具

配套家具是民宿内家具中常见的家具形态，几种具有内在联系的家具形态组成了具有综合使用功能的家具群体，它们往往在材料、质地、色彩、造型等方面具有高度的相似性。这类家具在公共空间、客房空间中都是常见的家具类型。例如，客厅的茶几沙发，客房的床和床头柜等，它们带给人整体的视觉美感。靠背椅和脚凳的组合就能满足人在坐卧状态下多种人体动作的切换，让人体得到充分的舒缓和休息，见图 7-3。

图 7-3　配套家具的设计

3. 组合家具

组合家具通常是由多个造型各异的家具组合成的家具群组。通过独特的设计手法，把多种形式的家具组合在一个室内空间中满足不同类型的功能需求（见图 7-4）。需要注意的是，组合家具的单体都是具有自身特色，如何将这些家具以杂糅混合的方式组成一个群体实现使用功能上的综合需要进行多种组合的尝试，得出最佳的搭配方式。

图 7-4　组合家具

二、家具在室内空间中的作用

家具作为民宿室内空间中的必需物品，有着独特的功能作用。一方面为人类活动提供具有保障性的使用功能，另一方面展示了家具作为空间主要组成部分的精神属性，为民宿设计提供了得力的辅助。

（一）使用功能

1.空间组织

家具在民宿室内空间能够有效地进行空间的组织，以家具的具体功能特征对空间进行功能方面的区划，让个体空间可以从大的空间中独立出来。例如，在民宿庭院或者露台，桌椅搭配形成了一个个具有无形空间界面的半私密空间，让游客之间可以获得不受干扰的活动范围。

2.分隔空间

民宿空间面积较大，缺少明显的空间界限的时候可以发挥家具的功能特性进行空间的分隔，让空间各自的功能得到更好的体现（见图 7-5）。如前台和大堂共用一个空间时，前台柜将空间分隔成工作人员区域和游客休息区域；玄关和主空间之间的屏风等家具将两个空间有序地分隔开来，增加空间设计的变化和趣味性。

图 7-5　分隔空间

（二）装饰效果

1. 协调风格

不论是单体家具，还是组合家具。家具自身都带有专门的设计风格。一般民宿设计中会选择风格一致或相似的家具协调室内空间的装饰（见图 7-6）。在细节的处理上，比如图案的运用、色彩的选择等因素能够体现出主人和设计师的构思与品味。家具与空间在外观装饰和设计风格上的契合度越高，设计的难度也会越大。

2. 衬托室内的空间氛围

室内氛围是游客从外部空间进入民宿室内的第一印象。而家具因为其视觉目标而不自觉地成为空间氛围构成的主要内容。不同外观形态的家具（见图 7-7）会营造不同的空间氛围。游客在旅行的过程都是带着观察和思考进入空间，家具可以提供游客联想和思索的内容，让家具的内在美成为陶冶人们审美情趣的重要因素。

图 7-6 家具的协调作用

图 7-7 衬托室内的空间氛围

三、家具的选择和应用

民宿室内家具的选择，可以从以下几个方面进行考虑。

（一）服务特性

在民宿内，家具首先需要服务于人体在室内空间中的"坐、立、躺、卧"中的功能需求。如前台的柜体家具是方便经营者和游客进行立式交流的需求，大堂的沙发座椅是为了缓解游客长途跋涉后的疲劳进行短暂休息时设置的，客房的床更是游客在民宿内接触时间最长的家具。家具需要根据自身服务特性进行人体尺度方面的考虑，增加家具的舒适性和便利性。另外，特殊功能的家具需要进行提前准备，如餐厅的儿童座椅、客房的子母床等，让家具能够更好地为游客进行服务。

（二）展示特性

民居建筑原有的老物件包括了还具有使用功能的家具如八仙桌、架子床，见图 7-8。许多民宿改建升级的过程会把这部分家具保留下来，作为建筑自身历史文化的一部分内容进行展示。在进行空间设计的时候，尽可能将家具原有的摆放位置和方式保留下来，再搭配现代的技术手段，如灯光、雕塑等将建筑场景复原下来，形成具有特色展示效果的民宿。

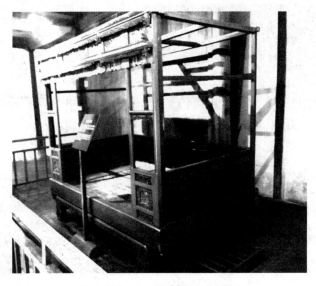

图 7-8　乌镇东栅百床博物馆

（三）审美特性

家具是民居建筑内最重要的物品，它占据了室内空间中最好的位置，十分容易形成整个空间的视觉中心。材料表面的纹理、精巧细致的结构、形态各异的造型、优雅多变的色彩等因素让家具成为空间中的亮点，再加上它兼顾功能性和装饰性的特性能够充分调动游客的兴趣，为室内空间中设计风格、设计主题的艺术语言表达提供了最具有说服力的佐证。以传统中式家具为例，自带的传统榫卯结构在家具部件之间穿插完成了家具的组装，自然优雅的设计理念从束腰、鹅脖、三弯腿、抹边等家具构件的名称中自然地体现出来，它的每一部分内容都带有中国传统文化的情怀，使得很多人愿意花费时间去进行了解和认识，见图7-9。

图7-9　玫瑰椅的创新

（四）文化特性

在民宿里，家具的文化特性表现在两个方面，一是传统家具的文化韵味，另一个是现代设计师创新性地将地域文化的内容融入到民宿家具中。将旅游景区中具有地域文化代表的视觉符号转化成家具设计中的一部分。例如，将花山岩画中的传统图案元素——羊角钮钟、花山人物形象等地域文化的视觉形象转化到家具的靠背、扶手等构件上，实现地域文化在家具设计上的创新性运用，见图7-10。

图 7-10 地域文化在家具中的运用

第二节 室内陈设品

民宿的室内空间中，陈设品是数量最多，出现频率最高的室内物品，是室内软装饰设计进行室内环境装饰及美化的重要内容。利用好室内陈设在设计和装饰方面的优势，有利于民宿设计中的个性化室内空间塑造。

一、室内陈设的作用和意义

在民宿室内空间，陈设品不仅是简单的装饰品，它可以通过软装的手法营造不同感受的空间氛围。室内陈设品被人赋予了特定的意义如地域文化的寓意，因此，室内陈设表现出精神和实用两个方面的功能属性，具体的作用体现在以下几方面。

（一）突出设计主题

室内空间设计都有相应的设计主题，室内的物品都应该围绕设计主题进行布置和搭配。让室内陈设成为设计风格和空间氛围的表现性装饰，有些室内陈设物品带有独特的文化韵味，如和建筑相关的照片、证书等具有纪念意义的陈设品，给室内陈设提供了具有历史和文化意义的设计主题，增强室内空间在精神领域的艺术表现力。这类陈设品的作用是无可替代的，能够对整体室内环境的塑造提供重要的"点题"作用。

（二）体现生活情趣。

室内陈设还能够提供不同的生活情趣，因为游客在消费需求方面的不同，造就了不同风格特征的客房出现在民宿空间中。在对室内环境和设施进行统一设计的同时，依靠陈设品、布草、装饰物等物品的风格差异化处理，营造出多个具有不同生活体验的空间，让游客在居住过程中体验出空间氛围带来的生活情趣。

（三）满足审美需求

室内陈设品味的高低取决于主人和设计师个人的艺术修养，室内陈设品还是体验审美情趣的视觉语言。通过室内陈设的布置，让游客和主人在艺术追求方面寻求共鸣，更好地满足主人和游客的审美需求。

（四）展示地域文化

民宿作为旅游景区周边特色住宿场所，它的室内陈设需要能够体现出景区所在地区的历史人文因素。室内陈设在造型、搭配、材料选用方面尽可能吸收本土文化的精华，保留本土文化的基因，营造出具有地域风情的特色住宿环境，让地域文化能够在旅游经济中萌发新的生命力，也能帮助旅游景区建设一批具有地域文化特征的民宿品牌，助力旅游景区的升级。

二、民宿中主要的陈设品

随着人们生活水平的日益提高，越来越多具有艺术特色的室内陈设品出现在日常生活中。从广义的角度上，可以将所有能够改善居室内空间环境的物品称为室内陈设品。而在民宿空间内，为了满足游客的审美需求，日常生活中常用的物品如餐厅的餐具、房间内的布草等都会在外观上进行创新形成具备装饰用途的室内陈设品。根据陈设品不同的用途可以分为功能性和装饰性两个类别：

（一）功能性陈设品

这类陈设品兼具实用性和装饰性，并具备较强的实用功能。功能性陈设物品是室内环境中必不可少的装饰物，它主要包括了以下三种类型。

1. 装饰灯具

民宿空间的照明灯具是室内陈设中的主要构成环节。它不仅可以起到照明的功能作用，还能够烘托室内的整体氛围（见图7-11）。使用灯光可以引起人们的情感和思想上的共鸣。如大堂空间常见的水晶吊灯，就是用来烘托室内装饰主题的陈设品。

图7-11　室内装饰性灯具

装饰灯具应该以建筑的风格和特色为基准进行选用，民居建筑中应该减少几何形态的简约式灯具的使用。有些民宿的设计师，会提倡手工灯具在民宿环境中的应用。利用当地传统手工艺人的精湛技术，运用具有本地区文化特色的图案题材对灯具的灯罩进行手工制作，如使用棉麻材料在灯罩的骨架线条上进行编制，制作出独一无二的装饰灯具。这种定制式手工灯饰的使用，既能够有效提升室内空间的档次，又能够对本地区的手工技艺和文化特色进行展示和宣扬，让装饰灯具成为室内陈设时的核心要素。

2.布艺物品

建筑物和室内的结构部件表现出来的是室内空间坚强、稳定、牢固等方面的硬性材料特质。而相对的，质地柔软的布艺物品呈现出软性材料特质是对建筑和空间气氛的有效补充，见图7-12。

布艺物品包括了布艺沙发、床上布草、窗帘桌布、地毯等，进行布艺物品选购时尽量选择当地特有的布艺材料，如壮锦发源地的民宿陈设可以选择具有壮锦图案的布料进行室内装饰。布艺材料一般带有色彩鲜艳的花纹图案，能够起到彰显室内设计特色的作用。

图 7-12 室内织物的选择

布艺材料使用还带有特殊的功能需求。例如，布艺沙发能够提高客人落座时的舒适感，缓解游览时积累的疲劳；地毯在房间可以降低噪声的作用；窗帘能够遮挡阳光和视线给游客带来私密性较强的个人空间，减少休息时受到的外部干扰；床上的布草能够改善带来嗅觉、触觉等方面的游客体验；壁纸更是可以对大面积墙面的装饰风格和内容进行控制，增加室内空间的整体装饰效果。

3.小型生活用品

在室内环境中，存在着一些具有实用功能的小型生活用品如放置于书案的笔墨纸砚、客房内的开水壶和茶杯、餐厅空间的餐具、钟表等墙面小物品等。它们凭借着独特的造型特征、个性的艺术表现成为所在位置的重要装饰物品（见图7-13）。它们除了在装饰效果的陈设作用以外，还带有各自的使用功能能够为游客提供生活方面的便利。这类小型生活用品可以从古玩市场、购物网站、工艺品商店等物美价廉的销售场所进行选购，以小成本的投入获得良好的室内装饰效果。

（二）装饰性陈设

不同于功能性陈设品，装饰性陈设品主要以装饰见长，它自带的艺术气息和装饰效果是整个室内空间设计中不可分隔的一部分。常见的装饰性陈设品有以下几种。

1.工艺品

在旅游景区附近，围绕旅游特色开发的传统手工艺品、旅游纪念工艺品等

图 7-13　室内生活用品

营销场所是景区配套设施的重要组成部分。这类工艺品具有强烈的地域文化表现力和艺术感染力，不仅可以用于室内空间的陈设，还可以成为游客留念景区游览经历的纪念物（见图 7-14）。所以，工艺品是旅游景区民宿，特别是文化浓厚的地域民宿室内装饰中不可忽视的内容。如我国西南地区的旅游景区多自民居建筑改造而成，原有居民的一些生活物品如老式家具、屏风等会被保留下来做成特殊的工艺品展示区域。此外，从民间收集的传统生产生活用具如木雕、砖雕、器皿等也可以作为工艺品进行陈列。而一些围绕景区主题设计的旅游工艺品系列在材料上引入了玻璃、金属、雕塑等元素，形成具有现代生活气息的室内陈设品。

　　工艺品在摆放的时候，选择的位置和方式会直接影响到室内陈设的具体效果。需要注意和其他室内物品之间的组合关系，如大体量的工艺品可以单独进行陈列，作为单个墙面或者小空间的装饰主体；小体量的工艺品选择室内界面和家具的空白位置进行点缀式装饰；贴挂式、悬挂式工艺品需要根据界面的整体设计原则选择个体或组合型陈设方式。陈设摆放时需要注意控制

图 7-14　艺术工艺品

室内陈设的主题和艺术格调，减少因不严谨的摆放让游客产生室内空间凌乱的视觉印象。

2.纪念品、收藏品

纪念品、收藏品属于室内陈设中"锦上添花"型的装饰品，它们更多属于民宿主人的个人喜好在室内空间中的一种反映。如具有纪念意义的照片、民宿主人家传或收藏的物件（见图 7-15）、游客对民宿主人表示祝福和感谢的小型物品等。这些陈设品更多的是带有个体色彩的展示，它对于民宿主人或者民宿建筑而言具有特定的意义。所以，这类陈设品更多是表现在情怀方面。对它们进行陈设时，可以采用"润物细无声"的方式进行，让它们成为生活空间里面自然而然的组成部分，尽量避免在装饰效果上进行夸张的手法，如进行刻意的加强、使用过度的色彩灯光进行衬托等，让来往游客自由去品味这类陈设品的意义，才能对民宿的环境和氛围更好地获得认可。

图 7-15　纪念收藏品

3.观赏性生物

民宿可以选择具有观赏性价值的动植物元素进行室内陈设，如盆栽、多叶灌木、观赏鱼、观赏鸟类等（见图 7-16）。以观赏性植物为例，自然风光的旅游景区大多依托山川和水域秀美的野外环境。民宿周边本身就带有优美的环境特征，可以借助传统园林设计理念进行从近到远的递进式布置。天然植物处于视野开阔的自然山川中，构成了具有浓郁自然风情的远景效果，室内设计中的露台、落地窗等构件提供了无遮挡的观影空间，将远处的自然景致引入到室内环境中，成为室内设计造景的一部分；民宿内的庭院、楼梯间、走廊、露台等位置布置了具有观赏效果的乔木、灌木、盆栽、攀爬植物等沿着室内交通动线的走向进行布置，各个空间之间保留相互通透的视线联系，造成一步一景的动态式"中景"概念；在房间内、窗户或者墙面上布置花架或者墙景植物，形成具有空气净化作用的"近景"设计，提高游客在视觉和嗅觉上的美好体验。观赏性生物可以引入本地区特有的动植物资源进行室内陈设，体现出民宿设计中亲近自然、健康生态、乡土气息等设计理念的践行。

图 7-16 观赏性陈设品

三、室内陈设的布置

在民宿空间,室内陈设不是孤立存在的。它需要依托实体空间的界面与形态,因此在进行室内陈设布置时需要结合实体空间的特点进行,才能让室内陈设在空间中达到"画龙点睛"的视觉环境烘托作用,让室内陈设融入到整体环境中,而不是成为室内设计中的"花瓶"和累赘,造成设计上的浪费。

(一)服务空间功能

室内陈设品进行布置时需要将所在空间的主要功能和设计定位进行有效的梳理,严格遵守空间秩序,发挥陈设品自身的在功能性和装饰性方面的优势。同时,室内陈设品和主体空间会形成内在的视觉联系,需要注意效果上的主次关系。如餐桌上的陈设品应根据餐饮功能的需要进行合理配置,减少不必要的装饰品以免造成"只能看不能吃"的陈设困局。所以,室内陈设品的摆放需要配合室内空间的功能进行。

（二）匹配空间尺度

室内陈设品的体量，需要追随空间尺度的安排来选择。过大或者过小的陈设品都会带来视觉上的违和感，让游客对民宿主人的品味和审美理念产生质疑，进而影响对整个民宿空间设计的评价。陈设品选择之前，应该对它的位置和体量进行前期准备，减少室内空间中的不可控装饰，营造室内环境和谐统一的视觉氛围。

（三）靠拢设计风格

室内陈设品是为了彰显室内空间的设计风格和设计主题而存在的。它们是室内设计风格和室内环境氛围的重要组成部分。所以，在室内陈设品进行选择和布置的时候，对它们自身的装饰特征是否能够匹配室内设计风格的整体表达，进行多次调试和组合。让室内陈设品在设计风格的定位靠拢，起到良好的视觉衬托作用。

（四）融入色彩设计基调

室内陈设品表面的色彩和肌理效果，要和室内环境中整体色彩关系进行融合，形成具有优美色彩感官的色彩设计。比如在色彩的色相、纯度、明度和冷暖关系等方面进行调和式处理，让陈设品根据其最初的设计定位选择色彩鲜明或中庸的表面涂饰效果，和整体色彩基调进行有效的融合，减少单一物品的色彩突兀感，进而共同构成色彩特色鲜明的室内整体环境。

第三节　民宿的植物设计

当今社会里应该没有人会拒绝拥有一个网络上人气网红李子柒视频中那种田园牧歌般种满花草的小院子和凉亭。在这样的一个乡下小院子里，即使一个人坐在亭子里喝喝茶发发呆也不会觉得孤单。因为，这里有满院的植物花草陪伴着你；这里有大把的新鲜空气和明媚阳光；这里有无限葱葱的绿意和嫣然的话语……在这里你可以尽情地享受到大自然的安静美好和生活的"慢时光"。

随着城市化进程的加速，"慢时光"对于"快节奏"生活的城市人们来说越来越是一种奢望。但是，不管社会如何进步和人类的社会属性如何进化，而人类自身所具备的自然属性需求也是一直存在的。人们需要和自然接触放松身心，让疲惫的身心在自然的感受和交流中得到抚慰与寄托，让心灵和大脑在自然当中得到启迪和智慧。所以，从古到今有那么多寄情山水花草的文人墨客，并产生了无数的山水诗人和名篇佳作。

一、植物的作用

植物的作用主要有以下几个方面。

（一）发挥植物改善室内空气环境的作用

众所周知，绿色植物经过光合作用可以吸收二氧化碳，同时释放出氧气，它可以有效地净化室内空气质量。同时，许多绿植还具有显著的杀菌及吸附有害气体的作用，能够有效地减少空气中的污染成分，具有很强的净化功能。例如，在民宿室内或庭院中栽植一些植物，植物和建筑空间的掩映互照既能起到丰富空间的作用，更能有效杀死空间中的有害气体从而达到净化空气。比如在一个15平方米左右的房间里放置两盆吊兰就相当于一个空气过滤器的作用，它能有效过滤掉空气中的甲醛和二氧化硫等。同时，植物对于室内空间温度与湿度的调节也同样效果显著，而且很多绿色植物还可消除人体视觉疲劳，具有提神醒脑、减缓压力的功效。可见，室内绿化在人类的居住环境中的作用是非常重要的。

（二）发挥植物在室内空间布局上的分隔作用

实际上，我们可以有效地利用植物对空间进行二次分割和组织，主要的手法有以下几种。填补空间：如在楼梯转角处可以用放置盆栽植物填补空间，以减少一些空间结构不理想的缺憾。分割空间：如利用植物的种植或摆放划分出不同的空间区域。引导空间：如利用植物的种植或排列，清晰地引导交通路线。组织空间：如利用植物营造不同的空间主题，从而有效地组织和装饰空间（见图 7-17）。更新空间：当家具布局为固定时，通过变换花卉绿植的观赏来达到更新空间改变空间的氛围的目的（见图 7-18）。

（三）利用植物营造空间氛围和陶冶情趣

绿色植物与花卉所具备的婀娜多姿的外形和姹紫嫣红的色彩的那种生命力，这与室内其他刻板冷漠的现代装饰材料形成强烈的视觉反差，而且植物本身所具有的旺盛生命力也是其他室内装饰陈设品没有的。每一种不同的观花、观叶、观果植物，因为自身不同的形态或色彩或材质都具有不同的美感。例如，在室内插上几枝腊梅，人们则可以欣赏梅花疏朗的线条和它淡雅的花骨朵儿，从而达到利用植物营造空间氛围取得了赏心悦目的效果。而且在漫长的岁月中，人们更赋予植物花卉不同的寓意或花语。比如说松、竹、梅，

图 7-17　空间的植物装饰

图 7-18　营造空间氛围

代表了"岁寒三友";梅、兰、竹、菊称为"四君子",比喻君子之儒雅、脱俗,而牡丹象征着富贵吉祥,红玫瑰象征着爱情甜蜜热烈,康乃馨代表着圣洁的母爱,荷花代表着高洁的品质……这些不断积累下来的花艺植物文化内涵就是因为人们喜欢寄情花草,托物言志借物抒怀,让人们的心灵在植物花草中得到了陶冶,生活也增添了情趣。

二、民宿中常见的植物类型

当今人类认识或研究熟知的植物大概有 50 万种,按照不同的门类可以划分为:界、门、纲、目、科、属、种等,每个不同的科目种属都包含有成千上万种植物。而适宜种植在民宿室内或庭院的植物也是非常多,总的来说这些植物从植物学角度划分,主要分为:木本植物、草本植物、藤本植物以及肉质植物四大类。

(一)木本植物

木本植物主要是指根和茎因增粗生长形成大量的木质部,细胞壁也多数木质化的坚固植物。由于此类植物体木质部发达,所以其茎部较坚硬,且多年生。乔木的寿命普遍比较长,短则十几年,长的几十年或几百年,甚至上千年。一般来说,能分清主次枝条的是乔木,不能分清主干枝条的则是灌木。常见的民宿庭院或室内空间中栽植的木本植物有:石榴、樱桃、银杏、木芙蓉、蒲葵、橡胶树、广玉兰、栀子、冬青、大叶黄杨、鹅掌木、圣诞树、龙血树、桃树、桂花树、柚子树、茶花树、铁树……通常,民宿的庭院适合种植体型稍大的乔木比如说银杏、樱桃、柚子树等,搭配低矮一些的稍微低矮灌木,如鹅掌木、金叶女贞、鸡爪槭、泡桐、茶花等,再搭配一些更低矮的草本植物,如郁金香、鸢尾、菖蒲、麦冬、睡莲等。这样形成一个丰富的高低错落、虚实兼备、花期递结的庭院植物景观设计。而且,民宿的这些木本植物,最好栽种一些会开花的乔木或结果的乔木或品相较好的季相乔木。会开花的观赏性比较高的乔木,如木芙蓉树、石榴花树、紫荆花树、栾树等;适宜观果并成熟后又适宜摘下来享用的植物比如说樱桃树、柚子树、金橘树、桃李树等,见图 7-19。

而好看的季相植物则有鸡爪槭、银杏、变色木、红背桂、梧桐等,这些乔木既可在炎炎夏日带来亭亭如盖的绿荫,又可给民宿的庭院增添无限生机和活力。而在民宿的室内空间如客房或客厅中,较为适合栽种的乔木有:橡皮树、鹅掌柴、龙血树、巴西铁树等。因为,这些乔木不算高大造型也相对斯文小巧许多,放置室内不会显得比例过于失调突兀,而且大都喜阴又喜阳,适应性极强,非常适合在民宿的室内空间中应用。

图 7-19　木本植物

（二）草本植物

　　草本植物主要是指有草质茎地植物，较木本植物，明显生长期较短，这是由于此类植物体的木质部相对不发达，茎处多汁，较柔软的缘由。草本植物如果按照观赏效果可以分：观叶植物、观果植物、观花植物。民宿室内或庭院里适合栽培的观叶草本植物有：龟背竹、海芋、观音竹、吊兰、青美人、白雪公主、红掌、鸿运当头等；常见的观果植物有：红豆、火龙珠、石榴、枇杷等；而常见的观花植物则更是多得数不胜数，例如：蝴蝶兰、百合、玫瑰、茶花、牡丹、非洲菊、康乃馨、剑兰、菖蒲、鸢尾、非洲紫罗兰、一帆风顺、仙鹤来、格桑花（见图 7-20）……往往在民宿的接待前台或大厅等公共开放的空间，可以放置一些形态大方叶子宽大或厚实的植物，例如：鸿运当头、龟背竹、海芋、白美人等。而应该避免针状的或叶子过碎的植物，因为形态圆润饱满的植物比针状等有攻击性的植物，更适合营造轻松祥和温暖的空间气氛。而在室内客房或客厅或餐厅空间中，则适合摆放一些运用百合、蝴蝶兰、玫瑰、非洲菊、洋牡丹等做成的花艺作品。其中，中式装修风格的民宿室内更适合摆放中式插花花艺作品，例如：疏影横斜的几枝瓶插的腊梅；几枝清幽的盆插荷花；几枝优美的银柳和百合点缀的传统花篮等。这些强调线条美、自然美、意境美的中式花艺（见图 7-21、图 7-22）和中式传统文化是一脉相承的，能够更好地延伸和体现中式民宿的文化和内涵。

图 7-20 草本植物

图 7-21 中式花艺

图 7-22 中式花艺

而在西式风格的民宿空间内,一般采用现代插花或西式传统插花的花艺作品,这些现代花束或现代花篮,更为讲究花艺整体的人工美、图案美和装饰美,为西式风格或现代风格的民宿空间增添更多优雅或奢华,见图 7-23。

（三）藤本植物

藤本植物主要是指那些植物体细长,不能直立生长,常借助茎蔓、吸盘、吸附根、卷须、钩刺等攀附它物而缠绕或攀援向上生长的植物,否则将会匍匐于地面之上。常见的室内藤本植物有：爬山虎、紫藤萝、常春藤、绿萝、黄金葛、薜荔、花叶蔓、绿串珠……这些藤本植物,如果种植在民宿庭院内或室内里进行立体绿化效果也是非常漂亮。如在厕所或书房放一小盆常春藤或绿萝,这种具有顽强生命力的藤本植物,既可有效杀菌又能起到非常好的装饰效果。又比如利用爬山虎点缀在建筑的外墙面或围墙内外,可以得到非常自然又文艺的装饰效果；抑或利用常春藤或绿萝和铁艺围墙搭配装饰,效果也是非常适合；再或者在庭院的花架里种植一架子紫藤萝,开花时繁华似瀑布般,甚是好看。藤本植物大都生命力极顽强,它们既可以喜阴或喜阳,既耐湿又耐旱,是非常好养活的。而且往往做成立体绿化的观赏效果极佳（见图 7-24）,生长极快且分枝多,属攀缘类植物,在民宿空间设计中是有效的丰富绿化的主要形式之一。

图 7-23　西式花艺

图 7-24　民宿的藤本植物

（四）肉质植物

现在多肉植物在花卉市场上销售非常紧俏，很多多肉大棚规模相当可观，主要是多肉这种饱满多汁萌萌哒的植物价格不算贵，而且具有治愈系的强大作用，能够带给人格外美好的感觉。如今肉肉的品质普遍比较高，种类也相当丰富，熊童子、冬美人、红宝石、桃蛋、子持莲华、观音莲、蛛丝卷绢；胧月、黑法师、山地玫瑰、小人祭、库珀天锦章、神想曲、玛丽安、宽叶不死鸟、玉吊钟、长寿花、佛珠、情人泪、七宝树、锦上珠、普西利菊、月兔耳、千兔耳……多得数不胜数。这些肉质植物或者有美丽的色彩、奇特的造型、鲜艳的花朵、呆萌治愈的特性，间或点缀一些小房子小动物小人物等，还可以做成情景式的多肉微景观（见图 7-25），深受人们的喜爱。在云南地区因为当地阳光充足，日夜温差大，很多民宿客栈就是利用多肉植物对室内和庭院或楼台进行装饰，种满高低错落的肉肉装饰让庭院充满了生机和可爱（见图 7-26）。种植多肉植物主要是少浇水、勤施薄肥、多晒太阳、通风良好就可以养出漂亮的多肉植物，从而形成十分漂亮的多肉景观了（见图 7-27、图 7-28）。

图 7-25　多肉植物小景观

图 7-26　多肉植物小景观

图 7-27　多肉植物小景观

图 7-28　多肉植物小景观

三、植物与自然元素的应用方法

如今，随着"室内空间室外化"的理念日渐被人们所推崇，民宿空间更是这种理念的主要实践和体现空间之一。所以，当今的民宿普遍都会利用植物结合水体山石建筑小品等，营造庭院内或楼台上令人流连忘返的景观小品，提高民宿空间的景致性。比如说在丽江、杭州、成都、北京的许多地区的民宿客栈里，在那些胜似世外桃源的民宿宅子里，见图 7-29。

你可以足不出户就能和大自然亲密接触，完全能够很好地做到让民宿的室内空间室外化。

（一）植物与器皿

民宿空间里各种各样的植物，不管是花卉插花抑或盆栽花卉抑或绿植，利用不同的花器去盛放或种植得到的效果也大不一样。民宿空间里常见的盛放器皿的材质主要有：玻璃、塑料、陶瓷、竹子、铁器、铜器、银器等。比如兰花类的植物一般适合用陶器的花盆栽种，这样的古香古色的搭配，非常古朴典雅；而月季或者玫瑰类的花卉，则适合用塑料加仑盆，这可以说是非常物美价廉的选择了；再比如多肉植物则非常适合各种艳丽的带釉的造型精美的瓷盆，颜色丰富的肉肉

图 7-29 庭院的景观小品

和各种流光溢彩的瓷盆相得益彰；又比如很多经过精心设置的花坛的木栅栏，植物和木栅栏围成的花坛带给人们的则又是一种清新自然的田园风。

（二）植物与水体

民宿空间中，常见的水体设计的形式主要有：水池、假山、瀑布、叠水喷泉等多种形式，设计手法中我们常常说空间"遇水则活"，同样经过植物搭配的水体设计，植物和水体交相辉映，见图 7-30。

让水体在室内空间得到更为自然的景观效果，如民宿空间的庭院里营造小水池，池水清澈见底，栽种一些水生植物，如铜钱草、美人蕉、睡莲、荷花等，并布置山石或饲养一些锦鲤或金鱼，犹如明镜的水面给人以优雅宁静之感。再或者在前台玄关处附近设置大水缸，水里养一些睡莲、铜钱草等植物，这在风水学上或民俗学上的寓意都是非常吉利讨喜的。

（三）植物与山石

民宿空间里山石的应用，主要有两种方式：一种是把美丽的石头用托盘底座陈设，展示石头美丽独特的肌理或色彩；或者把石头加工成片，装裱在画框中陈设在室内。另外一种则是利用山石做文化墙或景观小品，营造一种"虽由人做，

图 7-30　植物和水体的结合

宛自天开"的自然景观的缩影。比如在庭院的某个角落设置假山瀑布小水景等，这个假山上再添置一些盆景树木，假山上的盆景树木倒影在假山水池上就是大自然湖光山色的缩影。这种以小见大，把大自然缩影搬到民宿中去的设计手法，非常受到人们的热衷和肯定。所以自古到今都成就了许多造园大师的产生，比如某个大城市工作的白领回到山区去造园做的民宿空间，又比如明代的造园匠师计成等人。

　　总的来说，植物给人们带来蓬勃向上、充满生机的活力，装饰人们的生活空间，陶冶人们的情操，净化人们的心灵。可以说当代民宿业之所以发展如此迅猛，各地的民宿设计发展如此如火如荼。很大一部分原因也是因为民宿空间本身所具备的休闲独特自然特质和属性，迎合了市场中焦虑的城市人们对"慢节奏"生活的需求，以及对大自然亲近的愿望。而作为营造民宿休闲自然特质和属性的主要材料和方法之一便是——植物，可见，植物在民宿装饰中有着非常重要的位置和作用。而且民宿空间中，往往只要把植物稍作布置点缀，用心打理便会让空间充满生机和灵动，是让民宿空间行之有效又非常容易出彩的一种设计手法。

第八章　民宿室内设计的发展趋势

随着旅游经济体量的不断扩大和旅游形态的日益增多，我国游客的消费观念也产生了巨大的变化。民宿以其特色化、体验化的住宿服务，正逐渐成为人们外出旅游时重要的住宿场所。虽然，民宿在数量和规模上呈整体扩大的趋势，但是由于在设计和经营管理方面的差异，一大批民宿会陷入到不断亏损甚至被兼并的情况中，方兴未艾的民宿行业也会遭遇行业"寒冬"。因此，需要结合旅游行业的发展趋势，对民宿在室内设计方面的发展进行梳理，帮助更多的民宿进行品质升级和设计改造。

第一节　设计的标准化趋势

一、行业准入标准的影响

在我国民宿行业的发展历程中，从起始阶段的市场培育，到初级阶段的蓬勃发展，再到现在的"百花齐放"的发展态势。旅游景区的民宿在地方政府、外来投资者和本地居民的共同努力下得到了长足的发展。大量乡村居民的闲置房屋被利用了起来，景区周边的乡村人均收入得到了增加。

但是，由于在民宿设计和经营方面存在良莠不齐的情况，大量"同质化"的民宿面临着同类住宿产品之间恶性竞争的情况，严重扰乱了民宿行业来之不易的良好发展局势。许多地方政府针对这类现象迅速制定了行业相关准则，将不严格的民宿产品和从业者从行业中剔除。这类行业准入标准从房屋的要求、基础设施的类型等方面，为特色的民宿产品提供了设计和运营方面的有力保障。

二、室内设计规范的标准化

民宿建筑的安全性和舒适性，与游客、民宿主人是息息相关的。因此，要在进行室内设计的时候，注意严格执行设计标准和设计规范。例如，从室内设计的安全性方面进行考虑，必须加强对民宿内原有水电燃气管道、消防通道和消防设施、房屋主体结构等方面的严格把关，并在设计改造过程中注重民宿整体环境的安全性。

此外，在内部空间的分隔过程中，需要考虑到通风、采光等住宿必须条件。客房的类型必须严格执行相关的设计规范，减少因材料不合理、设备不完善等设计原因造成的安全隐患。对民宿内部的卫生、服务等方面的设计内容提出较为清晰的标准，帮助民宿主人更好地经营民宿。

三、民宿服务设施的标准化

民宿业主进行自主经营的现象在民宿行业内是比较普遍的。由于经营理念和服务意识的高低，业主在管理和运营民宿时常常出现卫生不达标、服务不规范的情况，严重降低了游客在民宿内的生活体验。许多从业人员缺乏相关从业经验，也没有接受过系统的专业培训。以至于，民宿客人抱怨客房卫生状况较差、室内物品摆放混乱等情况。针对类似的问题，许多地方政府和协会正在逐步加强对民宿从业者的培训，让他们能够逐步规范服务行为。

而在设计阶段，设计师应该帮助民宿主人完善服务设施。在设计和改造空间的过程中，就民宿内的服务设施的位置和用途进行合理的引导性设计。一方面能够提高民宿主人进行卫生清洁活动的效率，如设立专门的布草间，对每天需要换洗的客房用品进行定时更换等。另一方面，能够通过室内服务设施的完善化设计，有效提升游客入住时的舒适度，让房客住得安心，住得放心，住得舒心。

民宿的室内设计在初始阶段处于一种不断完善的状况，不能指望一次性达到一劳永逸的效果。在后期的民宿运营中，可以邀请设计团队不定期进行设计后期的监管和维护，加强民宿内服务设施的标准化管理。

第二节　设计的多元化趋势

一、民宿设计多元化

在不同旅游景区，周边的民宿受到地域、文化、生活习俗等方面的影响，出现了多元化的室内设计方向，这也是民宿和传统酒店较大的差别之一。

连锁型酒店、商务酒店等住宿场所，往往以严格的设计标准和管理标准进行室内空间的布置，既造成了客房在设计风格和设计定位方面的连贯性，也带来了近乎"一成不变"的入住体验。

　　游客在旅游时，除了对景观的关注以外，生活体验的要求也越来越注重多元化和个性化。设计师在进行民宿设计之前，需要制定明确的计划，防止所设计的民宿产品与周边民宿之间产生"同质化"的现象。设计师和民宿主人应该以设计个性化、精品化的民宿为目标，根据投资额度的大小，尽可能深入地发掘所在地区的景观特色，引入本地区多样化的地域文化元素，采用不同类型的设计风格让民宿产品的类型变得更加多元化，以满足不同游客群体的审美需求。例如，一些民族地区的民宿，在外观上引入一些西方设计风格的元素如开放式围栏、景园等增加民宿空间的吸引性，为游客提供良好的视觉导向。

二、民宿空间多元化

　　民宿空间，除了考虑在设计风格和设计模式方面的多元化，还应该就具体的室内空间功能进行多元化的设计。要跳出传统民宿仅仅满足游客对住宿和就餐空间的生活需求的思维，进行综合的空间布置，加强指定性功能空间在民宿室内的比重。增加酒水间、品茗室、手工坊、观景台等具有休闲功能的空间，让游客的个人生活喜好在民宿空间内得到满足。

　　此外，前文中民宿空间功能部分，还提到过"民宿社区"的设计理念，就是让每家民宿根据主人的爱好和闲置空间的大小，设置公共的休闲娱乐区域。一方面，把酒吧、舞厅、展演馆等游客活跃程度较高的动态空间独立出来，以免造成对其他游客的干扰；另一方面，将咖啡厅、阅读室、钓鱼台等较为安静的静态空间进行整体布置，营造具有慢生活节奏的休闲空间。让民宿空间在使用功能上实现多样化的构思。

三、民宿功能多元化

　　随着人们旅行方式的多样化，自由行、背包客、驴友结伴等偏重个人体验的旅游形态越来越受到游客的喜爱。这种新型旅游观念的变化，也推动了民宿设计和经营方面多元化的发展。作为新型的旅游住宿场所，民宿在应对新型旅游观念时能够发挥其在经营方面的优势，提供多元化的民宿功能为这类游客进行服务，让民宿不仅成为一个住宿场所，还能够成为具有特殊吸引力的旅游综合服务场所。

　　如年轻人外出旅游，喜欢功能较为齐全的共享空间，能够结伴进行休闲娱乐活动。同时年轻人在旅游预算方面的局限性制约了其旅游体验的舒适性。可以考虑使用"共享空间"的设计理念来满足年轻人的旅游消费如设置"蜗居房""集装箱房"等功能多元化的民宿产品，再搭配面积较大的公共空间，让民宿成为具有地域特色的高端旅游休闲产品。

第三节　设计的科技化趋势

一、室内空间体验的智能化

随着互联网技术的成熟，许多新的设计概念不断出现，它们冲击了人们的传统生活观念。

智能家居、手机服务端、网上个人服务等设施或服务的出现，也对民宿的设计提出了更高的要求。例如，未来民宿的设计可能出现了"无人化"的理念，通过网上预订、智能密码锁、人脸识别等技术手段让游客可以直接进入到预订客房；还可以提供智能机器人进行送餐和公共区域卫生清洁的服务功能。未来在设计方面智能化的趋势，将有效提升民宿在经营方面个性化、信息化的优势。

二、设计的信息化

民宿室内设计信息化趋势，主要体现在通过游客在网络预订时需求，提供游客网络信息的需求提供个性化的客房设计。例如，客房布草的设计、陈设品的布置、餐饮的预选等可以通过网络上私人订制服务进行单独设计，使用信息技术手段有效提升民宿设计和服务的档次。未来，依据信息化的趋势，越来越多的私人订制式民宿设计将出现在旅游市场中，有效提升民宿产品的综合竞争力。

第四节　设计的集群化趋势

一、民宿设计的品牌化、连锁化趋势

民宿在旅游市场中的激烈竞争，正逐渐增加民宿主人经营时的负担。一方面，房租、设施采购、运营成本、经营手续、土地使用等方面的现存问题让不少民宿压缩了公共空间和功能性空间，造成一些小型民宿在配套设施方面的缺失。另一方面，从地区民宿行业的整体发展方向出发，"单打独斗"式的民宿设计和经营已经难以满足行业的发展要求。为了防止旅游景区周边的民宿变成"昙花一现"的旅游消费品，需要将小型民宿整合起来构建民宿社区或民宿品牌。

民宿设计正在朝着品牌化、连锁化的方向发展，民宿的设计和运营可以依托专业团队的技术优势，让不同地区的旅游民宿在同一设计理念的指导下，实现民宿品牌在设计品质、服务理念方面的一致性。例如，以设计团队为核心进行民宿品牌的打造，设计师白玛多吉就是以自己独特的设计理念，沿着香格里拉到拉萨，在我国的青藏高原上一路设计和运营了多家民宿，形成极具特色的地域民宿品牌，为游客提供独特的民宿服务；以运营团队为核心创建民宿品牌，裸心集团旗下的裸心谷、裸心堡等民宿以特有的体验模式，成为了中国民宿行业中的高端品牌。

二、民宿设计的区域化发展

许多民宿以所在地区为范围进行区域化、集群化的运营方式，构建起具有地域特色的"民宿"联盟。它们不仅在融资、运营、培训等方面形成资源共享，还在设计过程中汲取本区域的景观优势和文化优势，在地域文化、空间布置、室内陈设等设计领域形成具有显著特征的地域风格，实现民宿设计的区域化。

现在，一些旅游景区开始通过区域性的民宿集群，将民宿作为所在区域文化旅游产业的核心进行设计，形成诸如旅游特色小镇的规划概念。通过引入社会资本形成旅游经济的生态产业链，以设计为技术手段提升整个区域和民宿群的整体品质，形成具有区域优势的综合性民宿旅游项目。

世界各国在民宿的发展中都形成了具有本地区特色的民宿设计理念，欧洲地区各国的民宿在这方面的表现尤为突出。例如，英国民宿因为民宿的历史和生活传统已经形成了具有乡村设计风格的田园民宿；德国人严谨的工作态度在民宿设计中得到充分的表现，形成具有德国特色的设计特征和民宿品牌；法国人浪漫的生活方式让他们的民宿更具有生活气息，注重个性化和艺术化的民宿旅游体验。

在我国，以云南的大理和丽江、广西桂林的阳朔、浙江德清的莫干山景区等地形成了具有区域特色的民宿群。各个地区的民宿更注重表达出地域文化的特色进行民宿的设计，如莫干山景区从山脚下的乡村民宿开始，到莫干山的民国别墅群。形成了具有典型的民国时期建筑风格的民宿群，从建筑的外观到室内陈设的摆放都体现出这一时期的审美特征和艺术表现。近年来，许多设计师关于乡村修复的实验，也在莫干山景区形成了具有一定规模的民宿社区。为我国民宿行业区域化的发展提供了宝贵的经验。

我国民宿发展的历程中，旅游景区和地域文化为民宿的发展提供了良好的外部条件。而民宿以自身独具特色的设计理念也成为旅游景区周边优质的配套设施。民宿设计展现出来的标准化、多元化、科技化、集群化等趋势让民宿成为旅游景区和文旅项目中的核心竞争力之一，帮助文化旅游产业的稳步向前发展。

参 考 文 献

[1] 胡敏 . 乡村民宿经营管理核心资源分析 [J]. 旅游学刊，2007（09）.

[2] 周琼 . 台湾民宿发展分析及其启示 [J]. 中国乡镇企业，2013（09）.

[3] 陈可石，娄倩，卓想 . 德国、日本与我国台湾地区乡村民宿发展及其启示 [J]. 研究开发，
    2016（02）.

[4] 李忠斌，刘阿丽 . 武陵山区特色村寨建设与民宿旅游融合发展路径选择——基于利川市的调研 [J].
    云南民族大学学报 (哲学社会科学版)，2016（11）.

[5] 张婕，黄仕坤 . 基于贵州茶旅体验的民宿发展模式研究 [J]. 生态旅游，2017（07）.

[6] 单福彬，李馨 . 我国台湾地区创意农业的发展模式分析及经验借鉴 [J]. 江苏农业科学，2017（11）.

[7] 徐文苑 . 酒店餐饮运作实务 [M]. 北京：清华大学出版社，2012.

[8] 照明学会（日本）. 隋怡文，朱倩，张立新，译 . 室内设计中的照明手法 [M]. 北京：中国建筑
    工业出版社，2012.

[9] 过聚荣 . 中国会展经济发展报告 (2013)[M]. 北京：社会科学文献出版社，2013.

[10] 北京世纪唐人旅游发展有限公司，北京盛世唐人旅游规划设计院 . 玩转民宿：民宿的开发
    与经营 [M]. 北京：旅游教育出版社，2015.

[11] 圆神作家群 . 好想永远住下去 [M]. 南昌：江西人民出版社，2015.

[12] 马勇 . 酒店管理概论 [M]. 重庆：重庆大学出版社，2017.

[13] 范亚昆 . 民宿时代 [M]. 北京：中信出版社，2017.

[14] SH 美化家庭编辑部 . 就想开民宿 [M]. 郑州：中原农民出版社，2017.

[15] 黄伟祥 . 微型旅宿经营学 [M]. 麦浩斯出版社，2017.

[16] 陈卫新 . 民宿在中国 [M]. 沈阳：辽宁科学技术出版社，2017.

[17] 筑梦乡村 . 旅居中国——体验民宿之美 [M]. 南京：江苏凤凰文艺出版社，2017.

[18] 刘荣 . 民宿养成指南 [M]. 南京：江苏凤凰科学技术出版社，2018.

[19] 俞昌斌 . 体验设计唤醒乡土中国——莫干山乡村民宿实践范本 [M]. 北京：机械工业出版社，
    2018.

[20]（希腊）玛利亚·夏齐斯塔夫鲁 . 潘潇潇，译 . 世界民宿地图 [M]. 桂林：广西师范大学出版社，
    2018.

[21] 汝勇健 . 客房服务与管理 (3 版)[M]. 南京：东南大学出版社，2018.

[22] 章艺，吴健芬 . 旅游民宿基本要求与评价 [J]. 标准生活，2017(09).

[23] 戚山山 . 民宿之美 [M]. 桂林：广西师范大学出版社，2016.

[24] 王钫，朱小平 . 欧洲建筑艺术简史 [M]. 北京：清华大学出版社 ，2015.

[25] 唐剑. 融入与创新式生长——精品民宿设计之探讨 [J]. 园林，2016（06）.

[26] 王红一 . 民宿标准化之迷思 [N]. 检察日报，2019–07–24(07).